样板生活

SHOW FLATS

● 本书编委会 编

居 | 住 | 空 | 间 | 设 | 计
LIVING SPACE DESIGN

中国林业出版社
China Forestry Publishing House

图书在版编目（CIP）数据

居住空间设计. 1, 样板生活 / 《居住空间设计》编委会编. -- 北京：中国林业出版社, 2014.6

ISBN 978-7-5038-7383-6

Ⅰ.①居… Ⅱ.①居… Ⅲ.①住宅－室内装饰设计 Ⅳ.①TU241

中国版本图书馆CIP数据核字(2014)第025618号

【居住空间设计】编委会

◎ 编委会成员名单

选题策划：金堂奖出版中心
编写成员：张寒隽　郭海娇　高囡囡　王 超　刘 杰　孙 宇　李一茹
　　　　　姜 琳　赵天一　李成伟　王琳琳　王为伟　李金斤　王明明
　　　　　石 芳　王 博　徐 健　齐 碧　阮秋艳　王 野　刘 洋

中国林业出版社 · 建筑与家居出版中心
策　　划：纪 亮
责任编辑：李丝丝

出版：中国林业出版社
（100009 北京西城区德内大街刘海胡同7号）
http://lycb.forestry.gov.cn/
E-mail：cfphz@public.bta.net.cn
电话：（010）8322 5283
发行：中国林业出版社
印刷：北京利丰雅高长城印刷有限公司
版次：2014年6月第1版
印次：2014年6月第1次
开本：230mm×300mm, 1/16
印张：13
字数：100千字
定价：198.00元

CONTENTS
目录
Show Flats

建筑读库

涵盖建筑、室内设计与装修、景观、园林、植物等类型电子读物的移动阅读平台。

功能特色：

1. 标记批注——随看随记，用颜色标重点，写心得体会。

2. 智能播放——书签、分享、自动记录上次观看位置；贴心阅读，同步周到。

3. 随时下载——海量内容，安装后即可下载；随身携带，方便快捷。

4. 音视频多媒体——有声有色，让读书立体起来，丰富起来！

在这里，建筑、景观、园林设计师们可以找到国内外最新、最热、最顶尖设计师的设计作品，上万个设计项目任您过目；业主们可以找到各式各样符合自己需求的设计风格，家装、庭院、花园，中式、欧式、混搭、田园……应有尽有；花草植物爱好者能了解到最具权威性的知识，欣赏、研究、栽培，全面剖析……海量阅读内容，丰富阅读体验，建筑读库——满足您。

购买本书，免费获得高清电子版！

1. 下载APP，注册成为会员

2. 点击"个人中心"—"促销码"页面

3. 输入促销码【306904】

4. 点击"书架"—"云端书架"

即可免费下载阅读本书电子版

建筑中心读者服务QQ：2816051218

中 建梅溪湖别墅：豪笙印溢
Overflown Impression

泰 安中齐国山墅 32 号楼样板间
Zhong Qi Guo Shan Villa
Building 32, Sample Room

上 海绿地海珀璞晖：新禅意的空间智慧
Hai Po Pu Hui-
New Zen Space Intelligence

嘉 和 城 天 著
Gentle · TianZhu

沈 阳中海寰宇天下：依本多情
Deep Friendship

惠 州 奥 林 匹 克 花 园
Huizhou Olympic Garden

云 砚：新东方人文情怀
Simple Gorgeous

苏 州九龙仓兰山湖腰堤半岛联排别墅
Tourmaline Wharf Yin Lake
Peninsula Townhouse 260 Units

昆 明滇池龙岸 B 户型别墅
Kunming Dianchi
Lake Long Shore Villa B

菩 提 别 墅
Bodhi Villa Showroom

宁 波东钱湖悦府会所售楼处：悦府会
Ningbo Dongqian
Lake Yue House, Phase 1

水 月周庄售楼会所
Shui Yue Zhou Zhuang Sales Center

国 民院子：笔墨纸砚
Dialogue Between Space the city

郑 州金马凯旋家居 CBD 销售中心
Zhengzhou KINMUX
Furniture CBD Marketing Center

碧 云天销售中心
Pik Wan Tin Sales Center

大 连万科樱花园
Dalian Vanke Sakura Park

嘉 宝梦之湾售楼处
Jiabao Group Meng Zhi Wan Sales Center

广 元天悦府销售中心
Guang Ynan Tian Yue Fu Sales Centre

南 京中航樾府会所
Nanjing Old House Clubhouse

达 观山
Da Guan Shan

参评机构名／设计师名：
刘卫军 Danfu Liu
简介：
PINKI品伊创意集团董事长，PINKI品伊创意
设计机构&美国IAIR刘卫军设计师事务所首
席创意总监。美国IARI（国际认证与注册协
会International Accreditation Registration
Institute 的简称）高级室内设计师，首批中国

高级室内建筑师，美国Hall of Fame 名人堂
2007中国首批成员之一，2002年中国人民大
会堂推行发布陈设艺术配饰专业发展第一人。

中建梅溪湖别墅：豪笙印溢

Overflown Impression

A 项目定位 Design Proposition

体现奢华、高艺术品味但不失空间利用率，适合当地市场品位的东方意韵及适合空间的简洁大方的处理手法，尝试开发更多共享功能的使用空间，希望能赋予空间更多组合的可能性，达到了差异化产品创造性。

B 环境风格 Creativity & Aesthetics

东西方的碰撞，在尊重东方传统生活方式的基础上，融入西方艺术文化，营造新亚洲风格，主题生活方式整体不乏视觉效果新颖。私密空间温馨、注重享受。工艺给人新的视觉冲击和新的思维冲击。

C 空间布局 Space Planning

此产品为双拼别墅，地上三层，地下一层，一共4层。室内空间设计与及庭院花园综合规划，庭院区设置有凉亭、烧烤区、户外泳池等休闲、活动为一体。 考虑到功能的完整和合理性，在原来过厅的基础上，下沉两级，拓展了过厅的面积，令过厅更加大气，形成了一种全开放式的格局，引进自然光线，增强了空间的通透感。一层大客厅、餐厅，宽阔的视野，展现出空间的开阔而大气。利用原来的户外平台，设计为户外休闲早餐区，既有功能性的满足又与户外风景相互融合、相映成趣。二层定位为家庭成员休息的空间。把原有的挑空位利用起来，设置为儿童创想室。另有独立的次主卧套间、次卧室、儿童房。三层为主人专享空间，打破原有主卧室的空间规划，集于书房、衣帽间和卫生间为一体的超大尺度空间。

D 设计选材 Materials & Cost Effectiveness

通过最普通的材料，石材、墙布、金属等，做最合理的演绎，营造最理想的艺术生活空间。

E 使用效果 Fidelity to Client

意向客户普遍反映非常喜欢样板房的设计风格，随着中国房地产市场的快速发展，创新主题文化式住宅及情感融入的样板生活方式的推出越来越受到客户青睐，此作品的热销即是明证。

项目名称_中建梅溪湖别墅：豪笙印溢
主案设计_刘卫军
参与设计师_梁义、袁朝贵、陈春龙
项目地点_湖南长沙市
项目面积_350平方米
投资金额_260万元

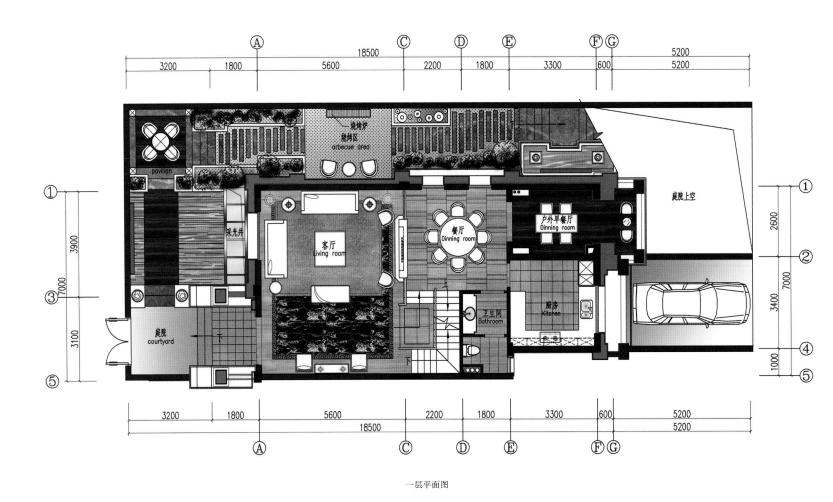

一层平面图

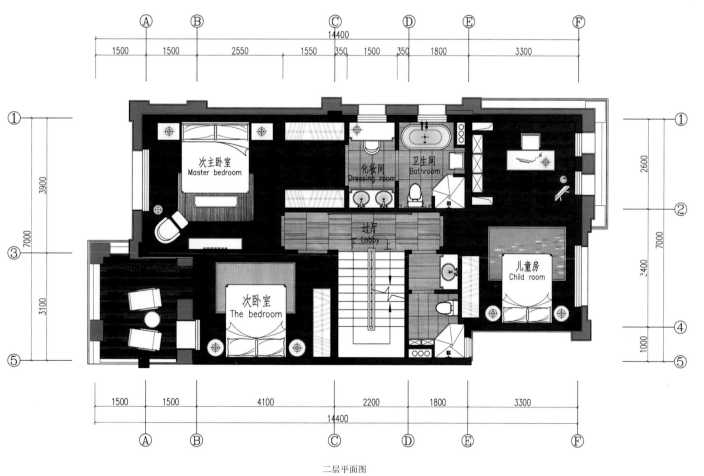

次主卧室
Master bedroom

化妆间
Dressing room

卫生间
Bathroom

过厅
Lobby

次卧室
The bedroom

儿童房
Child room

1500　1500　2550　1550　350　1500　350　1800　3300

14400

Ⓐ　Ⓑ　Ⓒ　Ⓓ　Ⓔ　Ⓕ

1500　1500　4100　2200　1800　3300

14400

3900　7000　3100

2600　7000　2400　1000

二层平面图

参评机构名／设计师名：
济南成象设计有限公司/
IMAGING Space Planming

简介：
成象设计是山东最好的设计公司之一，在房地产样板间设计、售楼处设计领域最大、业绩最多、最专业的设计企业。众多的案例和不断的钻研让成象设计在样板间和售楼领域如何结合

营销销售，如何提高客户体验，如何节约成本上形成了自己独有的设计理论，同时成象设计在精品酒店设计领域也形成了自己的核心竞争力并且成绩斐然。成象设计还涉足商场设计、办公室设计、别墅豪宅设计、软装设计、灯光设计、VI识别设计等领域。

泰安中齐国山墅32号楼样板间

Zhong Qi Guo Shan Villa Building 32, Sample Room

A 项目定位 Design Proposition

"山居"是一种生活方式，远离尘世的喧嚣，颇有隐居于此的静谧。生活的内容感来自于细微的感动。

B 环境风格 Creativity & Aesthetics

本户型在色彩上主要以咖啡色为主色调，富有生命气息浓重的绿色跳跃于空间的每个角落，有种"空山新雨后，天气晚来秋"的清朗与惬意。

C 空间布局 Space Planning

主卧整体空间很开阔，窗户采光非常棒。鸟笼花卉把自然的气息带入室内，与自然结合便有裸心的洒脱。坐在窗边喝茶，看书，冥想都是非常不错的生活体验。床头装饰画禅意十足，黑色鹅卵石跌落激起一圈圈麻绳造型的水晕，打破整个空间的宁静，"静中有动"使整个空间有一种活跃的氛围，生气勃然。可以活动的皮革衣柜把衣帽间和卧室若隐若现的隔开，突破常规的布局方式，满足功能需求的同时又新颖独特。

D 设计选材 Materials & Cost Effectiveness

首先引入眼帘的是客厅与走廊交界处极具欢迎性造型富有张力的太湖石，秉承泰山的文化，延续泰山的地域特色。餐厅部分与客厅含情而望，夹丝玻璃使餐厅与走廊隔而不断，整排亚克力红酒架大气而独特，镜面电视现代而时尚，最惹眼的是餐桌中间大盆热烈的黄色跳舞兰，热烈的黄使整个空间瞬间鲜活起来。

E 使用效果 Fidelity to Client

此户型带给人们的是超脱繁杂喧嚣的"山居"生活，来到这里生活不仅仅是为了买套房子，买的是宁静的生活方式，裸心的生活态度。

项目名称_泰安中齐国山墅32号楼样板间
主案设计_岳蒙
项目地点_山东泰安市
项目面积_165平方米
投资金额_70万元

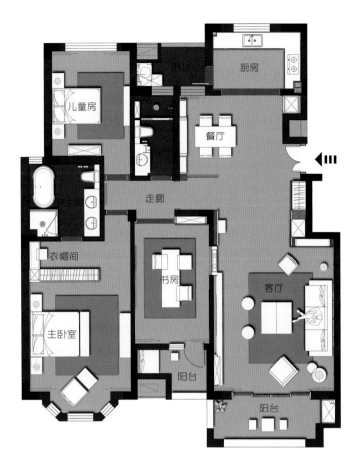

儿童房

厨房

餐厅

走廊

衣帽间

书房

客厅

主卧室

阳台

阳台

一层平面图

参评机构名/设计师名：
葛亚曦 Kot

简介：
2011年艺术与设计年度创意人物，2012年全国十大配饰设计师。
作品曾荣获2012年首届全国软装盛典十佳作品、2012年艾特奖最佳陈设艺术设计奖、2013年"金外滩"奖最佳饰品搭配优秀奖、2013年

CIID第二届陈设艺术作品邀请展最佳色彩搭配奖。

崇尚民主独立的他，骨子里便有种对主流与潮流的批判，即便自己所从事的配饰设计在大多数人看来是需要紧密与国际潮流接轨，但在他的作品里，也很难看到所谓的主流经典，更不用说"快消费"时代的高街潮流。这也正好体现了他在LSDCASA品牌创立之初，提出的

"立于潮流之外，艺术构建生活"的理念，倡导生活方式的独特性，不盲从主流，忠于自我。

上海绿地海珀璞晖：新禅意的空间智慧
Hai Po Pu Hui-New Zen Space Intelligence

A 项目定位 Design Proposition

东方的静谧安逸和简约利落的现代风，有着同样的精神诉求——"少，即是多"。 在这样特定的空间环境下，除却繁冗雕饰脂粉皮毛，只剩下禅意的风骨和博大的空间智慧。 生活本真的气度在这样的居家环境中酝酿升腾。这也与中国古人对居住环境提出的"删繁去奢，绘事后素"的理念不谋而合。

B 环境风格 Creativity & Aesthetics

最初的设计概念定位为：东方禅意。设计师希望用极简的线条与淡雅的纯色相搭配，创造质朴却不失品位，含蓄但不单调的生活氛围。但是整个硬装是目前主流市场比较常见的手法，金属及反光材质的运用，让空间有着华丽的诉求。如何让"禅"这种出世的意境在环境中得以体现，是设计之初需要解决的问题。LSDCASA的解决方案便是：以新禅意解读空间智慧。

C 空间布局 Space Planning

在很多地方，例如书房及男孩房的天花处都巧妙地设置了收纳功能，而且用不封闭的墙体作为两个空间的隔断，使各个区域更加连贯和通透。

项目名称_上海绿地海珀璞晖：新禅意的空间智慧
主案设计_葛亚曦
项目地点_上海
项目面积_125平方米
投资金额_62万元

D 设计选材 Materials & Cost Effectiveness

与传统的表现禅意的手法不同的是，LSDCASA此次在材质的选择上，摒弃了常用的低反光、粗朴质感的材料，而使用较为细腻、缜密的木及金属等等。空间的整体气质显得更为精致与高贵。

E 使用效果 Fidelity to Client

整个空间有着独特的气质：简、精致、温暖。没有繁复的细节，没有奢华的格调。

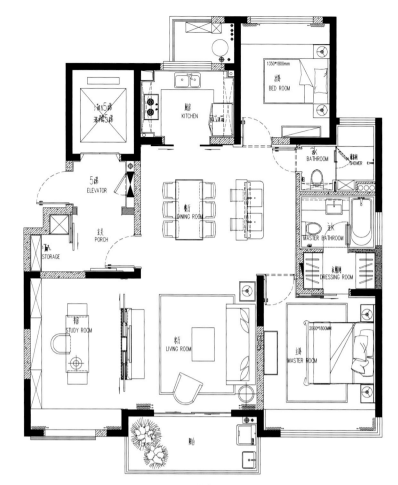

平面图

参评机构名/设计师名：
成杰 Cheng Jie

简介：
非室内及相关专业毕业，从事室内设计工作十多年，自学成才，形成自己独立的设计见解与理念。目前从事地产领域及地产相关领域多专业设计。嘉和城天著样板宫殿主笔设计师，香港文利（WINNIN)室内设计董事总经理、设计总监，风范室内设计联合会首席顾问、名誉理事长、中国CIDA注册室内设计师及会员，中国建筑学会室内分会第二十一专业委员会委员，全国住宅装饰装修行业优秀设计师。

嘉和城天著
Gentle·TianZhu

A 项目定位 Design Proposition
开创性地下三面采光设计，最大程度挖掘环境优势，土地资源及使用功能开发。

B 环境风格 Creativity & Aesthetics
适宜地区气候特点，与环境最大程度地接触。

C 空间布局 Space Planning
导入北方地区的建筑布局，针对性解决当地气候劣势，开创性地融合景观资源。

D 设计选材 Materials & Cost Effectiveness
建筑外墙材料的室内运用。

E 使用效果 Fidelity to Client
功能设置全面，空间感受惊奇，惊爆参观者。给业主方带来直接的批量订单。

项目名称_嘉和城天著
主案设计_成杰
参与设计师_李奇根
项目地点_广西南宁市
项目面积_1800平方米
投资金额_650万元

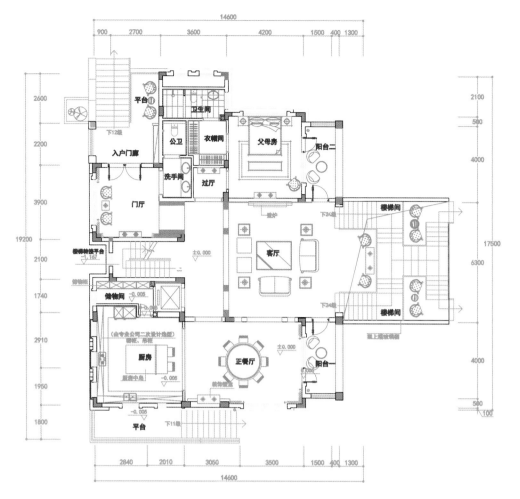

一层平面图

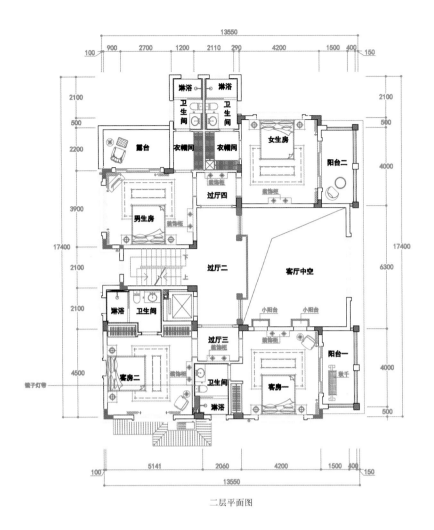

二层平面图

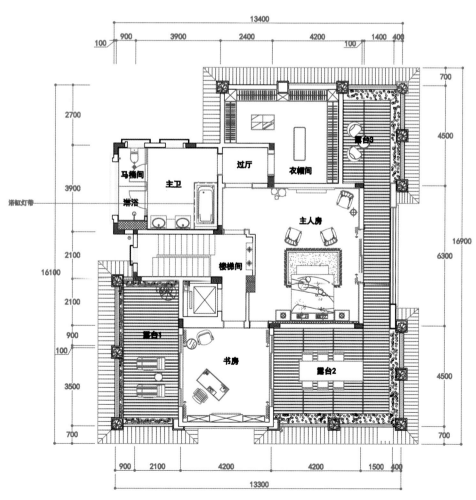

三层平面图

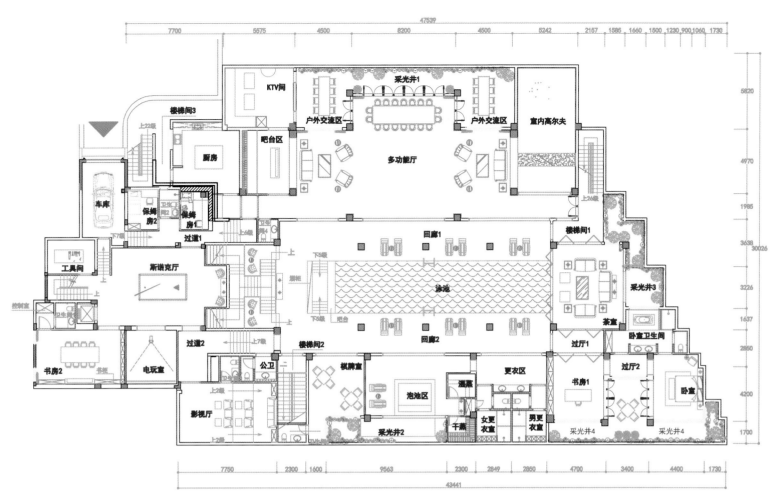

地下室平面图

参评机构名／设计师名:
刘卫军 Danfu Liu
简介:
PINKI品伊创意集团董事长，PINKI品伊创意设计机构&美国IAIR刘卫军设计师事务所首席创意总监。
美国IARI（国际认证与注册协会International Accreditation Registration Institute 的简称）

高级室内设计师，首批中国高级室内建筑师，美国Hall of Fame 名人堂2007中国首批成员之一，2002年中国人民大会堂推行发布陈设艺术配饰专业发展第一人。

沈阳中海寰宇天下：侬本多情
Deep Friendship

A 项目定位 Design Proposition
在这套住宅中设计师运用了绿色为主色调，让整体空间舒适宜人，同时泛着高贵典雅的气质。

B 环境风格 Creativity & Aesthetics
艺术设计与经济的发展息息相关，经济的繁荣使得人们对生活品质有着更高的要求。现代住宅的形式决定着对享受性需求的凸显，因此在本案的设计中我们将室内与室外环境有机结合。

C 空间布局 Space Planning
空间布局的创新往往是新的生活方式的体现，住宅除了满足基本的居住需求之外，更多的需要考虑到居住者对于居住之外的精神需求，为空间注入人文的关怀。跃层的法式休闲露台为居住者提供了一个良好的休憩地，在这里将得到充沛的精神补给，活动空间不再局限于室内，这是一个"可以走出去的房子"。

D 设计选材 Materials & Cost Effectiveness
自然、舒适和环保是我们在材料选择上的最高原则。白色橡木的自然纹理奠定了整个空间的基调，天然大理石的纹理，绿色的墙纸和布艺，蓝色拼花马赛克等，使得空间舒适典雅的气质跃然而出。陈设的选择上自然清新，色彩饱和艳丽，鸟语花香，静谧而自由，铁艺、陶瓷制品和随处可见的绿色植物让空间焕发出新鲜活力，流淌着独特的生活记忆。

E 使用效果 Fidelity to Client
跃层的独特设计，引领的是另一种居住环境，也增强了空间的层次感，并为主人营造了良好的私密性。项目推出客户反应很好，售价超出预期，被甲方评选为年度最优秀样板房。

项目名称_沈阳中海寰宇天下：侬本多情
主案设计_刘卫军
参与设计师_梁义、张罗贵
项目地点_辽宁沈阳市
项目面积_213平方米
投资金额_60万元

参评机构名/设计师名：
任清泉 Ren Qingquan
简介：
个人特长：展示空间、医疗空间、办公空间、餐饮空间、酒店设计、会所设计、售楼处、样板房、家装设计、别墅豪宅酒店、别墅样板房、办公空间、餐饮空间、展示空间、医疗空间等设计装修。

惠州奥林匹克花园
Huizhou Olympic Garden

A 项目定位 Design Proposition
将建筑与历史影响的风格融为一体，个性却不脱离生活，设计的独特魅力尽收眼底。

B 环境风格 Creativity & Aesthetics
用现代的设计表现手法体现特有的风格元素，达到空间整体统一。别具匠心的局部调整更为画龙点睛之笔。

C 空间布局 Space Planning
在结构上呈现对称、垂直、尖拱，主体取集中式平面的特点，使空间在感观上起到一定的提升效果。

D 设计选材 Materials & Cost Effectiveness
以人文主义为首，在舒适的前提下体现风格迥异的设计风格特点。

E 使用效果 Fidelity to Client
刚中带柔，柔中有刚，整个空间协调而惬意，大气而精致。

项目名称_惠州奥林匹克花园
主案设计_任清泉
项目地点_广东深圳市
项目面积_400平方米

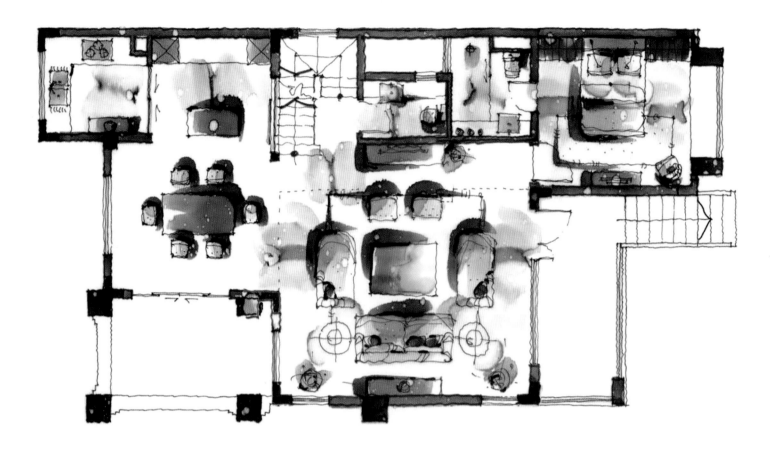

一层平面图

二层平面图

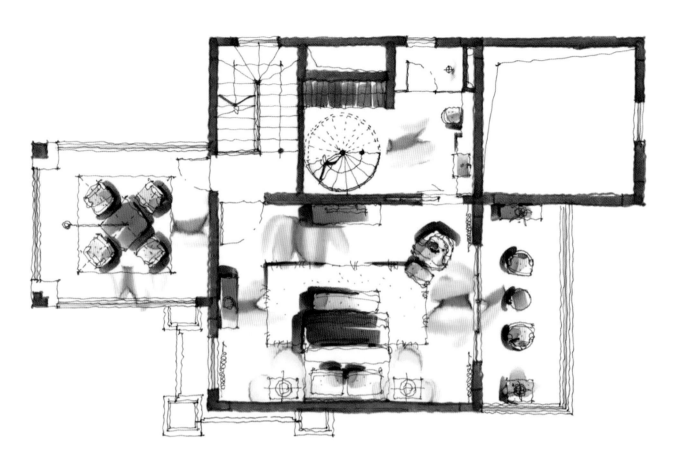

三层平面图

参评机构名/设计师名：
张清平 Chang Chingping
简介：
天坊室内计划有限公司负责人，逢甲大学
室内景观学系现任讲师，香港今日家居
INNOVATION IN LIFE-STYLE顾问，深圳室内
公共空间编委会副主任。

云砚：新东方人文情怀
Simple Gorgeous

A 项目定位 Design Proposition

空间中每一个细节的安排，是对生活的热爱转成不一样的细腻，是刻意的空间退缩，让厅与院融为一体，成就更宽阔的视野；是自然风情的植栽，形成生活隐私的自然屏障，让家在城市中也能感受到为宁静生活所构思的规划。

B 环境风格 Creativity & Aesthetics

丰饶的感官体验，让空间使用者能身临其境，涵养以东方美学为主、欧陆浪漫为辅的折衷人文概念。

C 空间布局 Space Planning

简敛素朴，是一种极限精简而内蕴浑厚，由外而内皆臻和谐的态度，在大器壮阔的布局里，让木、石、金属等各类质材，展露各自的肃穆与端庄，轻盈游走的干净线条，既有现代的精准，也有来自中式窗花的抽象表述，将暖暖内涵的人文坚持，婉转铺陈于每一个角落。

D 设计选材 Materials & Cost Effectiveness

为打造一处让感官之美更有深度的作息环境；透过多种材质、和谐色彩、细腻工法，凝聚迎宾餐厅与生俱来的情境氛围，并经由对称格局、改良自宫灯的大型灯饰、花艺、中式窗花图腾等种种精华元素轮番演出，精彩诠释如时间停格般的宁谧与恒久，仿佛世间的美，都浓缩在这方圆顷刻。

E 使用效果 Fidelity to Client

以家来呈现品味，作为反映人生态度的容器，肯定人生价值的时尚舞台，也为居住者描绘出真实而精彩的人生。

项目名称_云砚：新东方人文情怀
主案设计_张清平
项目地点_台湾台中市
项目面积_235平方米
投资金额_240万元

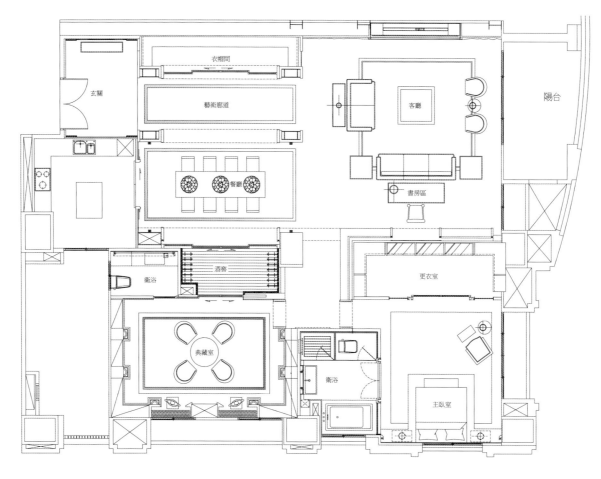

平面图

参评机构名/设计师名：
上海乐尚装饰设计工程有限公司/lestyle
简介：
乐尚（上海乐尚装饰设计工程有限公司）成立于1999年，是一家集设计、配饰、制作于一体的专业室内设计公司。主要从事高档楼盘会所、售楼处、样板房、精装样板房、别墅等的设计、软装配饰与施工工作。公司秉承"创意自由、规划严谨"的理念，立足专业优势，强调创新意识，注重细节，追求品质，重视知识的积累与分享，并通过高效的团队运作，将创意和规划优势进行整合，最大限度地为客户创造价值。乐尚一直追求服务的更高境界，关注客户需求，研究客户需求，并不断超越客户期望。 经过10多年的发展，先后为国内多家知名企业提供了优质的专业服务并建立了长期的合作关系。乐尚人坚信"一分耕耘，一分收获"，成功之路没有捷径，唯有脚踏实地，勤奋努力，团结一心，不断进取，才能收获进步，收获认可，收获尊重！

苏州九龙仓尹山湖碧堤半岛联排别墅
Tourmaline Wharf Yin Lake Peninsula Townhouse 260 Units

A 项目定位 Design Proposition

我们所推出的大都会风格代表了一种摩登的生活方式，这种生活方式追求简洁但是同时保持着华丽，是流行且时尚的，但同时也可以成为经典，流露出一种低调的奢华。它适合的是追求精致生活，希望自己的家能够时时刻刻散发出独特魅力的人们，适合的是那些永远和时尚生活齐头并进的人们。

B 环境风格 Creativity & Aesthetics

特色在于大量使用皮革材质、精密平整的度洛金属。大胆的设计理念，让线条呈现前卫感。米色、灰色等中性色彩充斥，再加入温暖的主色系为主轴色调，展现出别有的新古典主义现代奢华的感觉。

C 空间布局 Space Planning

空间开阔，装饰精简，尤其是阁楼，尽显奇特感，功能性强，通过镜面空间感觉更加宽阔明亮。将瑕疵变成优点，以开放式的软装收藏展示给大家。

D 设计选材 Materials & Cost Effectiveness

利用阁楼奇特造型顶面，在展示衣物，鞋包墙面采用了镜面，使过道空间不显紧凑，而是更加明亮宽敞。搭配豹纹地毯更显奢华大气。

E 使用效果 Fidelity to Client

本案作品在投入运营后得到了客户业主的一致好评，引来周围很多业主都来参观和学习。

项目名称_苏州九龙仓尹山湖碧堤半岛联排别墅
主案设计_苏英
参与设计师_袁盛梅、张羽、方文霞、翟树新、何瑛、文浩帆
项目地点_江苏苏州市
项目面积_398平方米
投资金额_300万元

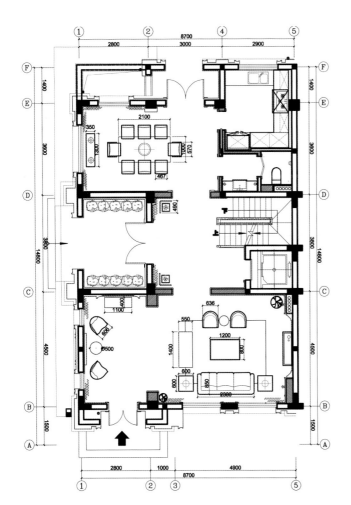

一层平面图

ZESTART 则灵艺术
Shenzhen Zestart Co.,LTD

参评机构名/设计师名：
深圳市则灵文化艺术有限公司/
Shenzhen Zestart Co.,LTD

简介：
深圳市则灵文化艺术有限公司致力于一流房地产企业的专业样板房这一细分市场领域，经过多年的努力，我们自豪地成长为样板房软装工程这一领域内的一流企业。公司持续不断地加强企业的核心竞争力的培养，不断完善人才培养机制，加强团队建设，经过多年的努力与持续不断地投入，公司培养出了优秀的设计师团队，有强大生产能力的家具加工基地，以及完备的安装保障队伍。完美的墙纸，灯具，工艺品供应链合作伙伴。我们多年来精心打造的这一切，是因为我们既重视托付项目给我们的每一个专业房地产公司，因为，我们知道每一个项目对他们而言都不容有失，同时我们也用真诚的心重视我们的每一个下游供应商，因为他们是我们能服务好每一个核心客户的专业保证。我们深刻地理解这一行业的本质与要求，用心服务每一个客户。

昆明滇池龙岸B户型别墅
Kunming Dianchi Lake Long Shore Villa B

A 项目定位 Design Proposition

美式风格受到美国文化的深刻影响，追求自由的美国人把舒适当作居住环境营造上的主要目标，美式家居浪漫自由的生活氛围，让都市人消除工作的疲惫，忘却都市的喧闹，拥有健康的生活与浪漫的人生。

B 环境风格 Creativity & Aesthetics

室内彩色的规划上以蓝色调为基础，在墙面与家具以及陈设品的色彩选择上，多以自然、怀旧、散发着质朴艺术气息为主。整体朴实、清新素雅、贴近大自然。山水图案的床品搭配柔软布料，使室内充满了自然和艺术的气息。富有生命力的绿植的点缀下，给整个空间带来愉悦、充满活力的生活氛围。

C 空间布局 Space Planning

平面布局整体大方，轻松优雅，体现出美式风格，舒适，不拘小节的特点。功能分区明确，将居住功能与社交功能适度隔离，既保障主人在居住空间里必要的良好的私密感受，又重点强调出别墅空间不同于一般公寓空间的社交与娱乐功能，让客户自由享受高端生活的美好。

D 设计选材 Materials & Cost Effectiveness

强调面料的质地，运用手绘着大自然图案的墙纸，斗橱，布艺等饰品将居室营造出独特的自然气息，符合现代人的生活方式和习惯，再加上植栽等自然景物的搭配，使居住的人感受到轻松、舒适的身心享受和居住体验。以凸显主人追求简约、自然环保的新时代的价值观与人生观。

E 使用效果 Fidelity to Client

在当地富裕客户中带来极大影响，促进当地客户的价值观与生活方式的改变，提升客户生活品质。

项目名称_昆明滇池龙岸B户型别墅
主案设计_罗玉立
项目地点_云南昆明市
项目面积_567平方米
投资金额_200万元

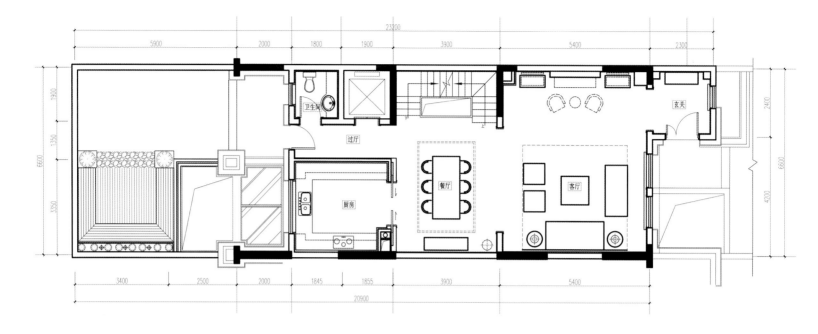

一层平面图

男孩房

过厅

次卫

生活阳台

婴儿房

洗手区

次卧

卫生间

餐厅上空

二层平面图

参评机构名/设计师名：
薛鲮 Xue Ling
简介：
所获奖项：2011全国室内装饰设计优秀设计奖。
成功案例：成都天府高尔夫会所，天津中央公园会所，北京花家怡园王府井店。

菩提别墅
Bodhi Villa Showroom

A 项目定位 Design Proposition
休闲度假。

B 环境风格 Creativity & Aesthetics
亚洲殖民地特点，融合多国元素。

C 空间布局 Space Planning
庭院增加泳池，有独立spa。

D 设计选材 Materials & Cost Effectiveness
麻质藤编为主。

E 使用效果 Fidelity to Client
拉动销售。

项目名称_菩提别墅
主案设计_薛鲮
参与设计师_林翠翠、吕东辉
项目地点_北京
项目面积_650平方米
投资金额_450万元

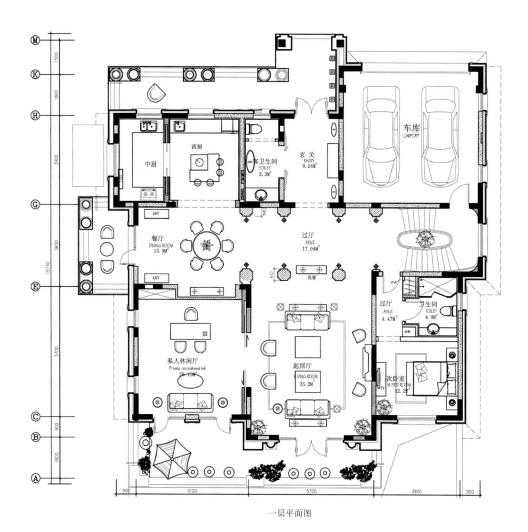

一层平面图

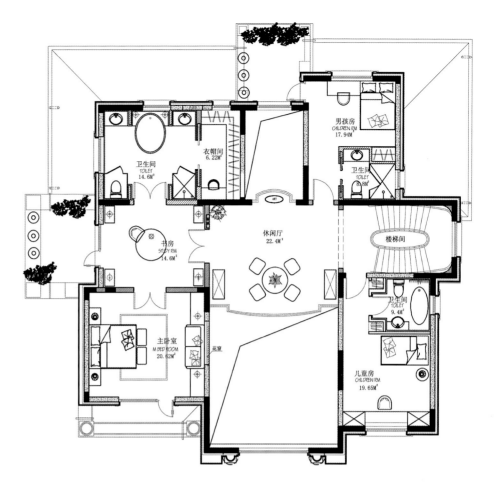

二层平面图

参评机构名/设计师名：
韩松 Han Song
简介：
毕业于湖北美术学院的环境艺术与室内设计系。多年来潜心致力于地产行业设计，不断追求超越和完善高品质与高品位的设计一直是韩松推崇的个人风格。非常热爱中国传统文化，擅长东方设计风格，以现代中式风格见长。典

型的中式设计风格案例有：万科棠樾会所、江西万科青山湖售楼处和太湖天成别墅、宁波钱湖悦府会所售楼处等。对其他设计风格的诠释也很唯美和独到，设计作品近年来在上百个书籍和杂志上刊登，并获得了一致好评。

宁波东钱湖悦府会所售楼处：悦府会
Ningbo Dongqian Lake Yue House, Phase 1

A 项目定位 Design Proposition

在硬件和智能化体系上坚持柏悦酒店一贯高品质的传承，让客户不经意间感受到骨子里的柏悦性格。比如：一进入会所，所有的窗帘为你徐徐打开，阳光一寸寸地洒进室内；按一下开关，卫生间的门就会自动藏入墙内；全智能马桶自动感应工作⋯⋯随处让人感受到高品质的舒适体验。

B 环境风格 Creativity & Aesthetics

在空间和视觉语言上与柏悦酒店完美对接；在空间上以中国建筑传统的空间序列强化东方式的礼仪感和尊贵感；在视觉上通过考究的材料和独具匠心的工艺细节，以简约的黑白搭配一气呵成，展现了东钱湖烟雨濛濛、水墨沁染的气韵。

C 空间布局 Space Planning

增加全新的功能体验，在商业行为中加入文化和艺术气质。设置独立专属的高端客户接待空间，独立酒水吧、独立卫生间。尽享尊贵、专属的接待服务。

D 设计选材 Materials & Cost Effectiveness

我们在地下一层设计了一座小型私人收藏博物馆，涉猎瓷器、家具、中国现代绘画、玉器等⋯⋯不仅大大提升品质，同时也给客户带来视觉和心理上的全新震撼体验。

E 使用效果 Fidelity to Client

1.作品投入运营后，获得一致好评，有力助推了整个楼盘的销售，获得甲方认可；2.荣获了2012年度国际空间设计大奖"艾特奖"最佳会所空间设计提名奖；3.在多家刊物上发表。

项目名称_宁波东钱湖悦府会所售楼处：悦府会
主案设计_韩松
参与设计师_姚启盛、庞春奎
项目地点_浙江宁波市
项目面积_850平方米
投资金额_1275万元

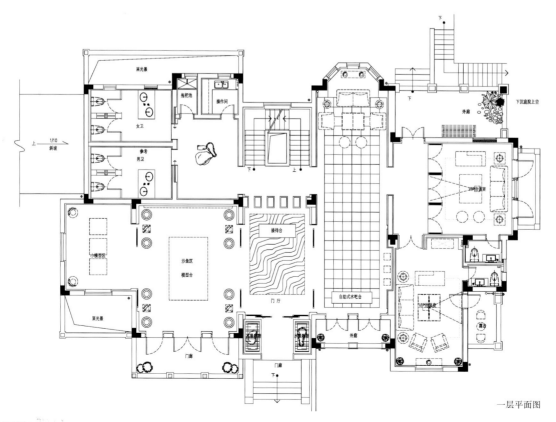

一层平面图

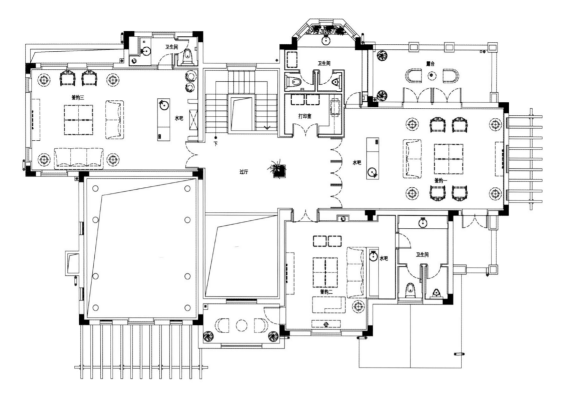

一层平面图

参评机构名/设计师名:
萧爱彬 Xiao Aibin
简介:
2008获得亚太室内设计双年大奖赛 优秀作品奖,
2008年摄影"宁静港湾"获亚太地区"感动世界"中国区金奖,
2008年获得全国设计师网络推广传媒奖,
2009年获得SOHU "2009设计师网络传媒年度优秀博客奖",
2009年获得"中国十大样板间设计师最佳网络人气奖",
2009年获得华润杯中国建筑设计师摄影大赛最佳建筑表现奖,
2010年获得全国杰出设计师称号。
出版《"时尚米兰"——最新国际室内设计流行趋势》《"精妙欧洲"——遭遇美丽建筑游记》《"没有历史的西方"再见美国建筑游记》《"雕刻时光"萧氏设计作品集》《阳光萧氏:居住空间》《阳光萧氏:商业空间》《现代金箔艺术》《花样米兰》。

水月周庄售楼会所
ShuiYue ZhouZhuang Sales Center

A 项目定位 Design Proposition
现在的楼盘卖的不仅仅是房子,更多的是文化、是生活方式。售楼中心也不简单的只堆堆沙盘,放几个洽谈桌椅,更多的是体现业主的品味和展现环境迷人的风光,能让客人有宾至如归的感觉。

B 环境风格 Creativity & Aesthetics
陈逸飞的《故乡的回忆》把周庄炒红了以后,周庄便成了"小桥、流水、人家"的代名词,成为了江南的缩影。项目方选择了一块完全是湿地的一个地方填将起来,垒起了今天这么个令人叹为观止的绿洲。

C 空间布局 Space Planning
"江南、水月、周庄、当代"这一串词语就是这个售楼会所的主题,也是风格。入口的玄关是设计师的重点设计。地处水乡,风水很重要,是要重视人的心理,本性和习惯。

D 设计选材 Materials & Cost Effectiveness
进门厅的处理,既围合又通透,在蓝色的墙饰与白皙的太湖石的迎宾台揭示了"江南、苏州、当代"的主题,既传统又时尚。本来设计师就想在入口处做一些特别的造型,选择桌子的处理方式是一个很不错的思路。销控台区与沙盘模型区用木色作区隔,原木色的墙板与书架是设计师得心应手的空间处理方式,不矫揉造作。

项目名称_水月周庄售楼会所
主案设计_萧爱彬
项目地点_上海
项目面积_1200平方米
投资金额_1000万元

E 使用效果 Fidelity to Client
沿湖边的窗景是客人休息、洽谈、签约的最佳位置。通过半通透的隔断围合,恰如其分地让每一个客人都有惬意的感觉,身在这里可以一览周庄水乡的美景。住在这里就住在了周庄,住在拥有信息时代、高品质生活方式的水乡。

参评机构名/设计师名:
张清平 Chang Ching Ping
简介:
经历天坊室内计划有限公司负责人,逢甲大学室内景观学系现任讲师,香港今日家居INNOVATION IN LIFE-STYLE顾问,深圳室内公共空间编委会副主任。

国民院子: 笔墨纸砚
Dialogue Between Space the city

A 项目定位 Design Proposition
透过东西文化的剪辑与交融,实质线条的高低,内外交错,以抛物线依附量体的概念,建筑的虚与实,诠释新国民贵族特色,并衍生出空间与城市脉络的精彩对话。

B 环境风格 Creativity & Aesthetics
量体空间起伏的轻盈感,创造了最佳的显旋光性,将墙面、光影、水影,交织成一种独特而律重的氛围。

C 空间布局 Space Planning
空间语汇,以"文化交会"与"线条虚实交错"之二种概念构成。空间架构以笔、墨、纸、砚文房四宝,是具象同时也是抽象的串联空间,将中国人文风范精湛展现。

D 设计选材 Materials & Cost Effectiveness
狂草笔,以原生素材构成装饰与空间的精神线条。龙纹墨,阵列的墨柱创造出宽阔且中国风的空间布局。天灯纸,硕大的卷轴转化光明迎接希望与温暖的心愿。玉石砚,自然肌理的展台呈现心安淡定的空间质感。

E 使用效果 Fidelity to Client
以东方的人文、西方的优雅融合时尚,让古典也可以非常现代,让人文也可以非常前卫。

项目名称_国民院子: 笔墨纸砚
主案设计_张清平
项目地点_辽宁大连市
项目面积_720平方米
投资金额_1440万元

参评机构名/设计师名：

深圳市名汉唐设计有限公司/
MINGHANTANG DESIGN CO., LTD.

简介： 深圳市名汉唐设计有限公司创建于1997年，总部设在深圳。公司拥有国家甲级建筑装饰设计资质、主创设计师为中国美术学院毕业生设计组合群体及海归派设计精英，以强大的组合设计团队、创新的设计概念、完美的专业技术和科学的管理，受到业界各方的好评，多次获得各种优秀工程奖项。

郑州金马凯旋家居CBD销售中心
Zhengzhou KINMUX Furniture CBD Marketing Center

A 项目定位 Design Proposition
本案例糅合中西文化的手法，运用光、精致屏风、简单大方的饰品营造出丰富的艺术情调，各元素在方寸之间都极尽雕琢，呈现出东西文化融合的大胆想象，现代设计手法在宽阔的空间中形成视觉凝聚。

B 环境风格 Creativity & Aesthetics
突出国际化、公馆级品质，外立面造型典雅华贵，线条鲜明，凹凸有致，室内装饰设计注重细节艺术雕琢，在气质上给人以深度感染，呈现优雅、高贵和浪漫的欧美风情。

C 空间布局 Space Planning
以气势恢宏的中庭为核心，形成空间的高度整合及人流、信息流的集聚态势，是交流活动的聚点和中心。各功能板块分布两翼，形成彼此衔接又各具特色的空间发展格局。

D 设计选材 Materials & Cost Effectiveness
空间上希望用金属屏风隔断来营造不同的空间氛围，这种手法更多时候能够营造不一样的空间，通过虚拟的围合达到一种半私密的独享空间。这种处理手法隔而不断，丰富空间同时也不会造成空间狭小。通过格栅网格方式划分，配合不同的疏密层次，再通过不同材质或者收口方式从而创造不一样的视觉效果。充分利用"线与面"的组合方式来营造空间，比如墙面的上下两部分就采用不锈钢的线性组合和实体石材的面来形成对比。

E 使用效果 Fidelity to Client
外立面造型别致，线条简约，色彩典雅，室内装饰设计极具优雅、高贵气质，细节雕琢彰显艺术品位，成为当地最具品质感和价值感的家居商业营销中心，全面彰显高端商务人群的价值、品位与格调。

项目名称_郑州金马凯旋家居CBD销售中心
主案设计_卢涛
参与设计师_李军
项目地点_河南郑州市
项目面积_5500平方米
投资金额_5800万元

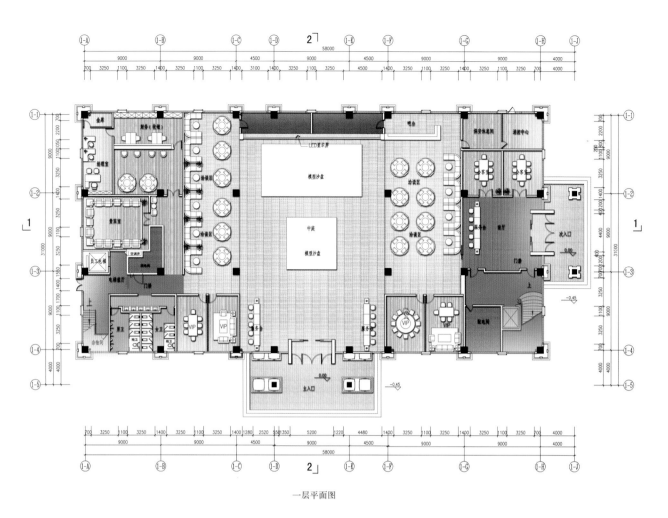

一层平面图

参评机构名/设计师名：
谢柯 Xie Ke
简介：
毕业于四川美术学院，重庆尚壹扬装饰设计有
限公司总经理兼设计总监，曾获2012金堂奖。
代表作品：招商地产青岛项目销售中心。

碧云天销售中心
Pik Wan Tin Sales Center

A 项目定位 Design Proposition
本案为别墅楼盘，定位较高端。

B 环境风格 Creativity & Aesthetics
本案依山而建，视野宽广，环境优美，远离都市的喧嚣，显得格外的静谧。结合建筑景观的这一特质，我
们采用了现代东方的设计手法，以期与环境相融合。

C 空间布局 Space Planning
两层结构，主入口位于一层。借助门外一组敞迎的绿意，一步一履中慢慢步入首层门厅。作为内外空间的
过渡，门厅刻意以暗色材质为主，并适度压暗直接照明，让人感受着宁静的指引。我们将与二层相连接的
楼梯以雕塑化的手法作为空间的主体予以强化，墙面纵向的木质条板以及质感涂料，形成强烈的围合感，
让人的心绪慢慢地沉淀。拾级而上，随之探入大厅，气韵愈发静美，映入眼前的是大幅面的落地玻璃，
透映出户外怡人的美景。大厅的设计，笔法极淡，色调极简，黑白材质以不同的材质与质感显现，呼应东
方山水画法，间或点缀淡淡的灰蓝色软饰，幽静而深远，心境也自然褪去凡尘，被这沉静无华所触动。

D 设计选材 Materials & Cost Effectiveness
本案以浅灰色质感涂料、大理石、柚木为主要材料，质朴、低色度的材料处理，以方向感极强的排列凸显
视觉美感，实践对东方美学的意境营造。

E 使用效果 Fidelity to Client
效果良好。

项目名称_碧云天销售中心
主案设计_谢柯
参与设计师_支鸿鑫、黄莉、李良君、何立、杨凯
项目地点_重庆
项目面积_500平方米
投资金额_180万元

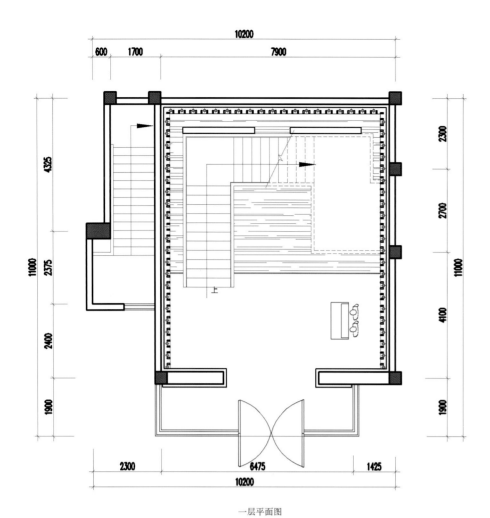

一层平面图

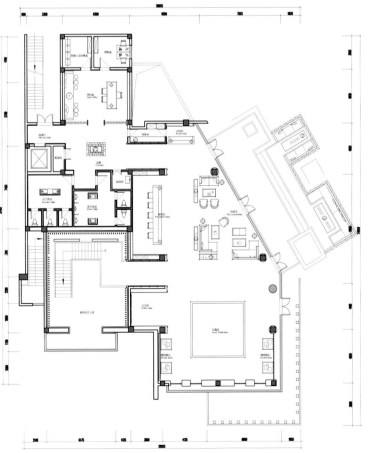

二层平面图

参评机构名/设计师名:

深圳市于强环境艺术设计有限公司/
Yuqiang & Partners Interior Design
简介:
2001 APIDA第九届亚太区室内设计大奖酒吧娱乐类第二名,中国大陆当年唯一获奖设计师,也是中国大陆首位在亚太室内设计大奖赛上获奖的设计师。2008年中国最强室内设计企业评选:荣获年度中国最具价值的室内设计企业十强;荣获年度中国最佳商业空间设计企业十强;2008年 APIDA第十六届亚太区室内设计大奖荣获商业展示类荣誉奖;APIDA第十六届亚太区室内设计大奖荣获示范单位类荣誉奖。2008年中国国际室内设计双年展荣获金奖;2008年深圳室内设计年度奖:获"2008年度最佳室内设计公司"荣誉称号。2008年中国室内设计大奖赛荣获商业工程类三等奖;中国室内设计大奖赛获别墅类三等奖。2008年第四届海峡两岸四地室内设计大赛荣获住宅工程类银奖。第四届海峡两岸四地室内设计大赛荣获公共建筑工程类铜奖。2009年第六届中国文化产业新年国际论坛:获"三十年30人中国室内设计推动人物"荣誉称号。2010年APIDA第十八届亚太室内设计大奖荣获样板空间类铜奖。2010年度ANDREW MARTIN室内设计大奖年鉴。2011年度国际空间设计大奖"艾特奖"最佳展示空间设计提名奖。

YuQiang & Partners
于强室內設計師事務所

大连万科樱花园
Dalian Vanke Sakura Park

A 项目定位 Design Proposition
使人从钢筋水泥的都市生活中彻底放松下来,达到身心愉悦。

B 环境风格 Creativity & Aesthetics
以樱花为元素,展开构思,将室外的自然元素有效延展至室内。

C 空间布局 Space Planning
空间上,打破原建筑固有的"盒子"形体,采用折线来穿插、分解空间,抽象的几何形体、界面的转折起伏,与环境中叠山环绕的灵动感觉形成呼应。

D 设计选材 Materials & Cost Effectiveness
色彩延续窗外樱花高雅的白色与粉色,细纹雪花白、实木线条、浅灰色皮革配以原木座椅,体现生态理念,使整个空间氛围更加贴近自然。

E 使用效果 Fidelity to Client
让访客忽略了由室外行至室内产生的空间拘束感,轻松舒适的氛围更能汇集人气。

项目名称_大连万科樱花园
主案设计_于强
项目地点_辽宁大连市
项目面积_739平方米
投资金额_400万元

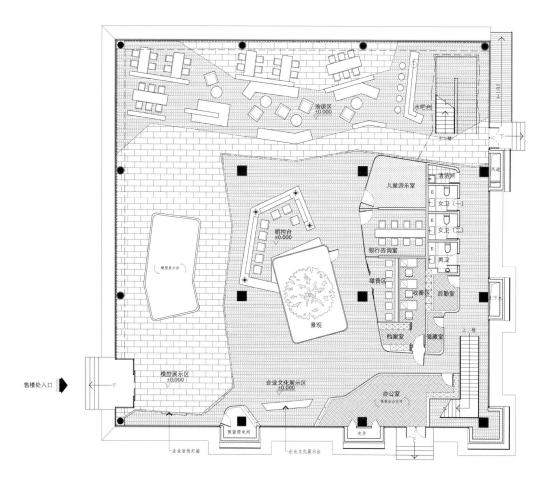

一层平面图

参评机构名名/设计师名:
上海乐尚装饰设计工程有限公司/lestyle
简介:
上海乐尚装饰设计工程有限公司公司正式成立
于2004年,是一家集设计、配饰于一体的专业
性的室内设计公司。
公司现拥有多支充满激情的创意设计团队,目
前主要从事高档楼盘会所、售楼处、展示样板

房、精装修样板房等的设计、软装工作。乐尚
一直追求服务的更高境界,关注客户需求,研
究客户需求,并不断超越客户期望。经过近
10多年的发展,公司现有130人的规模,先后
与万科地产、金地地产、九龙仓地产、中海地
产等建立了战略合作伙伴关系。
公司秉承"创意自由、规划严谨"的理念将创
意和规划优势进行整合,最大限度地为客户

创造价值,得到了广大客户的一致好
评。

嘉宝梦之湾售楼处
Jiabao Group MengZhiWan Sales Center

A 项目定位 Design Proposition
这个作品主要市场目标是比较高端的客户群,喜爱对中国文化及传统。

B 环境风格 Creativity & Aesthetics
在软装的装饰运用中,在东方精髓设计元素中融入了装饰主义风格元素。 不单单只是东方元素的简单延
承,而加入了新摩登元素。

C 空间布局 Space Planning
用建筑空间中的庭院作为装饰亮点,与自然亲近,大体块的木饰面和内敛稳重的木纹石,规整的排列,内
敛稳重的细化白地面,悄悄地沉淀了入内的人们前一刻的心累。拥挤规整的排列更显大气,产生了空间的
延续性。空间色调的运用,皆维持简单素净的风格,体现建筑的空间感。

D 设计选材 Materials & Cost Effectiveness
将张扬的装饰主义展现得淋漓尽致,而家具的软装搭配混搭了不同元素,摩登东方与现代新古典的拼撞,
无疑是装饰主义最好表现。

E 使用效果 Fidelity to Client
整体装饰风格贯通"新东方"的设计风格融入装饰主义元素,简约中带有秩序的美感,崇尚的依然是一如
既往的舒适,没有复杂的割断,散发出不一样的简洁思维。

项目名称_嘉宝梦之湾售楼处
主案设计_何莉丽
参与设计师_陈欢
项目地点_上海
项目面积_998平方米
投资金额_300万元

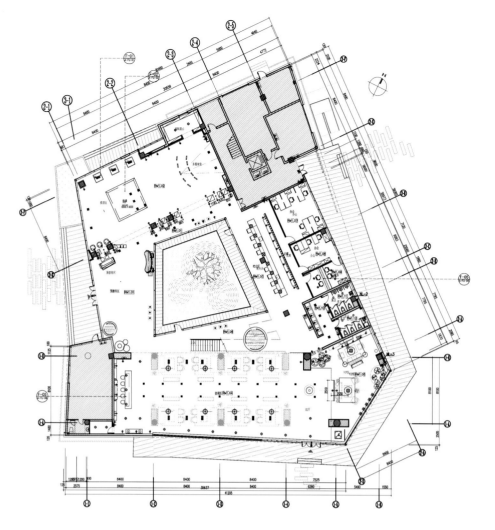

一层平面图

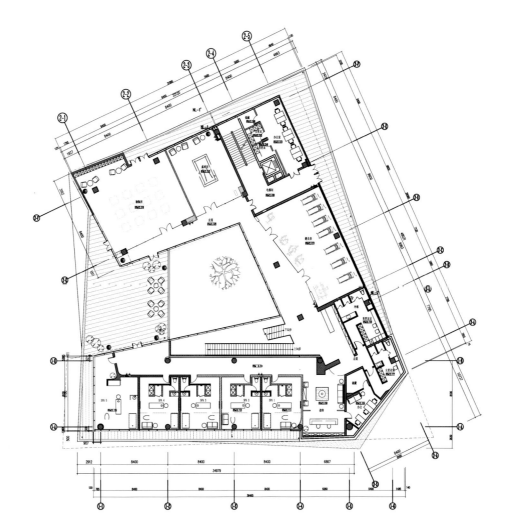

二层平面图

参评机构名／设计师名：
冯雷 Feng Lei
简介：
重庆同尚德加装饰设计工程有限公司设计总
监，注册高级室内建筑师，四川美术学院室内
设计专业特聘讲师。

广元天悦府销售中心
GuangYuan TianYueFu Sales Centre

A 项目定位 Design Proposition

以山水资源及品质生活氛围为设计出发点，将项目的入住前体验提高到感染未来的高度，从而用体验代替了简单的功能空间。

B 环境风格 Creativity & Aesthetics

立意现代禅意意境，述求大隐隐于市的现代居住生活主张。设计元素以项目自身依山环水、山脉长年隐现云雾之中的独特自然环境特点，提取山水元素，以当代水墨表达方式结合线、面的虚实明暗对比，以画为意、引水为景、游鱼为趣，以暗喻的手法传达项目环境的自然优势以及室内空间的品质感与文化感。

C 空间布局 Space Planning

室内分区以结构柱为分割核心，采用对称化、对应性化的处理方式，划分空间主次功能，并以空间使用与功能的主次流线，结合建筑采光，依次设置空间使用功能。同时通过空间块面凹凸造型，利用材质本身色泽、质感属性结合平面功能区域划，以转折、围合的手法区分功能区域的界面划分，使原有突兀结构柱体融合隐藏于设计造型之中。空间布局体现小见大、以简求精、隔而不断、景中有景、由景生情的禅意情节。

D 设计选材 Materials & Cost Effectiveness

尽量简化材料使用种类，强化主要材料自身色彩构成关系，以及黑白灰对比关系。用简洁的材料体系、明确的对比效果来强化空间构成，设计上不过分依靠高档材料使用来体现空间档次，通过材质色彩及质感搭配组合体现空间品位，木饰面材料均为定制成品家具板，确保工期的同时，有力保障了设计细节的精致感。

E 使用效果 Fidelity to Client

项目在投入运营后，整个市场，包括万达、雅居乐等全国性房开企业及当地的一线品牌企业，皆定点参观。消费者的体验后，口碑已推动该项目称为当地"第一盘"。目前项目的销售也成为当地奇迹。

项目名称_广元天悦府销售中心
主案设计_冯雷
项目地点_四川广元市
项目面积_490平方米
投资金额_187万元

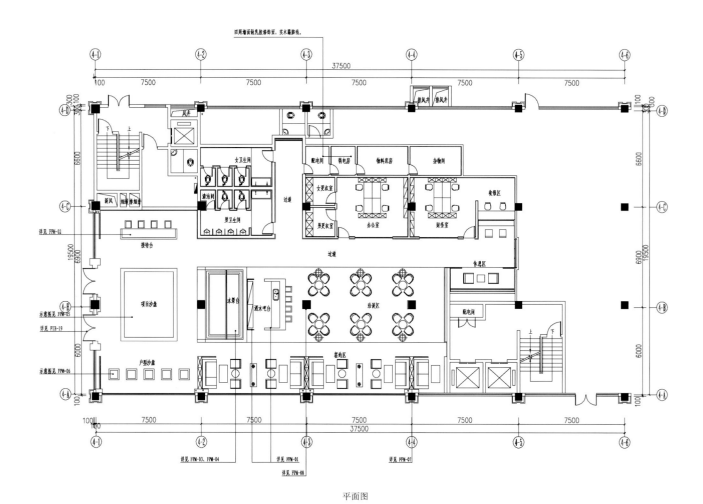

平面图

参评机构名/设计师名：
北京集美组建筑设计有限公司/
Beijing Newsdays Architectural Design
Co.,Ltd
简介：
2013年获国际室内设计师协会（IIDA）举办
的第40届IDC国际室内设计年度大奖。2012
年获国际室内设计师协会（IIDA）举办的第

39届IDC国际室内设计年度大奖。2012年
度•ANDREW MARTIN国际室内设计奖。2012
BEST OF YEAR年度最佳设计提名奖。2011年
度ANDREW MARTIN国际室内设计奖。"金
堂奖"，"陈设中国-晶麒麟奖"，"室内设
计双年展"。
成功案例：南京中航樾府会所，郑州中原会
馆，北京故宫紫禁书香，上海佘山高尔会所

贵宾厅，上海万科第五园佘舍会所，
北京一泉德私人会所，北京时尚大
厦，北京团结湖山海楼会所，北京北
湖九号。

Beijing Newsdays

南京中航樾府会所
Nanjing Old House Clubhouse

A 项目定位 Design Proposition

作为集团的顶级销售会所，摒弃传统销售模式，以江南园林与空间依托，以老宅为载体去触动人内心深处的东方情结。

B 环境风格 Creativity & Aesthetics

没有准确的风格界定，没有传统符号的堆砌，而是将传统的东方文化转换为国际的、世界的。

C 空间布局 Space Planning

"窗外皆连山，杉树欲作林"，在这，有雨、有林，完全模糊了"园"与"院"，"内"与"外"，淡化了"老"与"新"，塑造出新的空间秩序。

D 设计选材 Materials & Cost Effectiveness

我们的设计将传统的元素进行了当代化的转变，木格屏风，比例的重新调整加上镀镍材料的运用，犹如江南缠绵不断的雨，让人心有涟漪。传统的室内青砖，不再是粘木烧制，而是青色丝绸布包裹。

E 使用效果 Fidelity to Client

在业内树立了新的经营模式，在当下推动了新的文化景象。

项目名称_南京中航樾府会所
主案设计_梁建国
参与设计师_蔡文齐、吴逸群、宋军晔、余文涛、罗振华、聂春凯、王二永
项目地点_江苏南京市
项目面积_665平方米
投资金额_500万元

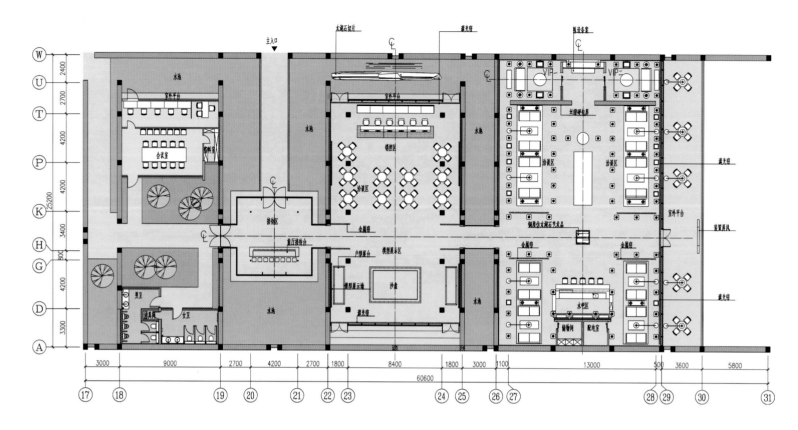

平面图

参评机构名/设计师名：
成都龙徽工程设计顾问有限公司/
Chengdu Longhui Engineering Design Ltd
简介：
最具创新价值的房产顾问，最具整合资源的别墅专家。
致力于服务高端空间设计及陈设设计，主营业务为房地产与会所、别墅的室内设计、陈设设计、陈设产品原创设计与采购。二十多位龙徽人从2001年至今，以项目小组制（设计总监＋项目组长＋设计助理）的方式为客户提供专业的服务，13年来打造了极具品位的各类售楼部、样板房及别墅豪宅，受到客户及业内外高度认可，令龙徽成为成都本土房产专案及别墅领域的佼佼者。

达观山
Da Guan Shan

A 项目定位 Design Proposition

本案地处西南地区唯一一个中央别墅片区——麓山版块，售价均在15000~20000元/平米，我们便将项目定位成舒适的别墅居住模式来适应本区的成熟方向。目标客户群为首次置业别墅的高级白领和企业主，看中大宅大家庭的满足，同时考虑性价比，因此高得房率应该是户型优化的重点方向，空间优化的同时营造温馨的家庭生活氛围。

B 环境风格 Creativity & Aesthetics

将户外的景引入室内，通过空间改造，打造亲水父母房与茶室，开门即是山水。入户门厅，运用草坪、园艺灯、鹅卵石拼花，将小小的空间赋予丰富的内容与变化，让业主回家有个好心情。屋顶改造空间后赢得了一个花园书房与植物围绕的阳光房，让室内外再无界限，更是一个聚会、烧烤的好地方。

C 空间布局 Space Planning

空间布局的重点方向是得房率，我们将原来的四房两厅四卫户型优化为惊人的八房四厅四卫！实现了每一层都有独立的储藏室，入口皆有门厅，在满足生活功能的同时保证大宅的品质感。

D 设计选材 Materials & Cost Effectiveness

材料均选用温暖的大地色系，注重打造家庭温馨的生活情境。比如进口布料的选用，国际水准的家具制作，量身订做的灯具、饰品与地毯，让整个空间浑然天成。

E 使用效果 Fidelity to Client

最初开发商将该项目正常定位为HOME OFFICE状态，如艺术家们的工作室，市场反映平平，经过我们的改造再次呈现之后，开盘第一天就交出了销售几十套的满意答卷！

项目名称_达观山
主案设计_唐翔
参与设计师_李广辉
项目地点_四川成都市
项目面积_348平方米
投资金额_200万元

一层平面图

二层平面图

参评机构名/设计师名：
浙江亚厦装饰股份有限公司/YASHA
简介：
经过十多年的发展壮大，公司现已成长为中国建筑装饰行业的知名企业和龙头企业。
专注于高端星级酒店、大型公共建筑、高档住宅的精装修，树立了"亚厦"在中国建筑装饰行业的一线品牌地位和高端品牌地位。公司先后承接了北京人民大会堂浙江厅、北京首都国际机场国家元首专机楼、青岛国际奥帆中心、上海世博中心、上海浦东国际机场、中国三峡博物馆、中国财政博物馆、中国海洋石油公司办公大楼等国内知名大型公共建筑以及北京御园、杭州留庄、阳光海岸、金色海岸、鹿城广场等高档住宅的精装修工程，同时承接了Four Seasons（四季）、Banyan（悦榕）、Marriott（万豪）、InterContinental（洲际）、Hyatt（凯悦）、Hilton（希尔顿）、Starwood（喜达屋）、Accor（雅高）、Shangri-La（香格里拉）、Wyndham（温德姆）等世界顶级品牌酒店的精装修工程。2002以来，公司共荣获"鲁班奖"等59项国家级优质工程奖，"钱江杯"奖等265项省（部）级优质工程奖。
浙江亚厦装饰股份有限公司践行"装点人生，缔造和美"愿景，坚持"创新、共赢、经典"理念，本着"质量第一、信誉至上"宗旨，精心设计，优质施工，努力使客户获得最大价值和最满意服务。

野风山样板间A1
YeFengShan Sample Room A1

A 项目定位 Design Proposition

将古典融入到现代，简洁的图案造型加上现代的材质和工艺，古典的装饰氛围搭配现代的典雅灯具，宣泄出奢华的时尚感。演变简化的线条套框中带有独特的车边茶镜。

B 环境风格 Creativity & Aesthetics

通过简洁大方的设计理念形成丰富多彩的空间节奏感。

C 空间布局 Space Planning

设计形式较为简洁的壁炉同样完美地结合到整个空间当中，它所体现的质感及浪漫的简洁之美，融合新古典与现代的技术手法，彰显其气质。客厅内，造型简洁的浅色沙发与深色的墙面、方正而又带优美曲线的茶几和欧式花纹地毯形成视觉冲击，达到通过空间色彩以及形体变化的挖掘来调节空间视点的目的。

D 设计选材 Materials & Cost Effectiveness

踏着灰木纹石地面你会发现整个客厅与餐厅都是有一些深浅灰白色调的方形或菱形图案组合搭配的，同时交织出空间的层次和趣味。

E 使用效果 Fidelity to Client

满意度高。

项目名称_野风山样板间A1
主案设计_孙洪涛
参与设计师_蒋良君、项建福
项目地点_浙江杭州市
项目面积_350平方米
投资金额_800万元

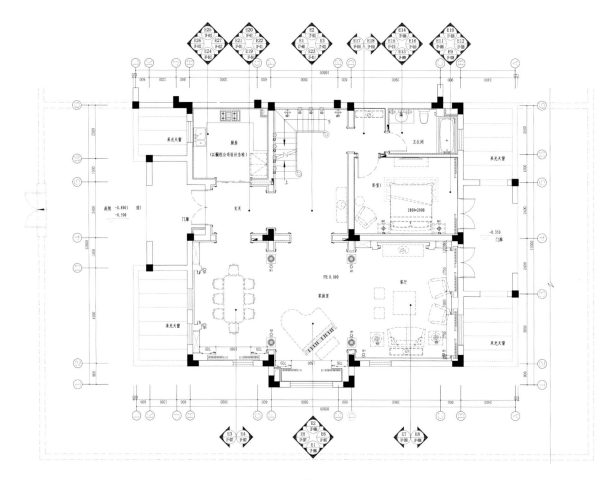

一层平面图

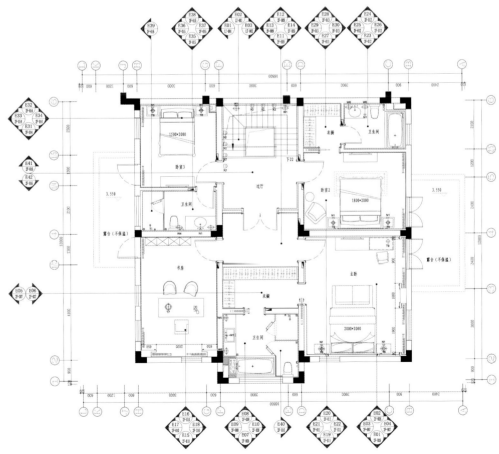

二层平面图

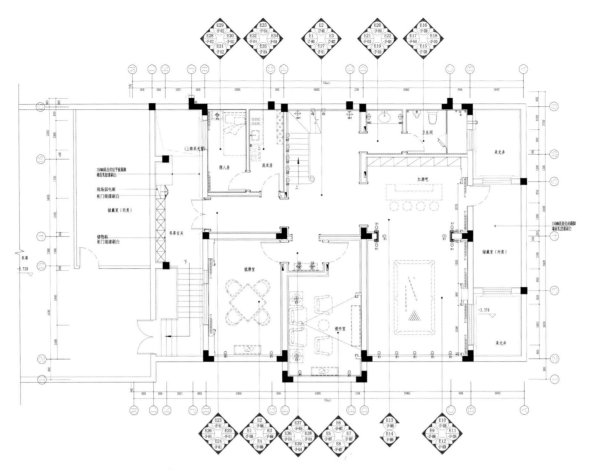

地下室平面图

参评机构名/设计师名：
江欣宜 Idan Chiang

简介：
提倡发散式美学哲思，结合艺术与陈设于空间设计，创造典雅时尚的现代风格，并长期钻研于传播设计、文化、艺术等面向的延伸。
个人特长：样板房、展示空间、别野豪宅擅长
风格：新古典、现代、精品旅馆设计。

2013 于上海与英国鬼才设计师AB Rogers探讨电影007创作理念，2013 采访日本知名摄影师蜷川实花"上海玫瑰"的设计概念，2013 于日本采访世纪级前卫艺术家草间弥生，2012 台湾首位专访英国皇家设计师 Kelly Hoppen 的设计人士，2012 于台北 KaiKai KiKi 艺廊采访当代艺术鬼才村上隆，2012 与音乐创作人方文山跨界交流对空间的想望，2012 探索德国艺术家 Anselm Reyle的艺术时尚转换，2012承接元利建设建案实品屋水纪元建案，2011承接元利建设实品屋世纪滙建案，2010英国设计师Rogers于台湾的信义联勤建案公共围篱设计，2010承接元利建设实品屋和平世纪建案，2009成立FANTASIA缤纷室内设计公司承接公共设施设计、植生墙围篱设计、公共艺术品设计制作。设施设计、植生墙围篱设计、公共艺术品设计制作2008承接元利建设实品屋_水世纪建案。

纽约上城
Uptown New York

A 项目定位 Design Proposition

豪宅住所需具备高舒适度、安全、低碳、绿能与高智慧科技家居的4大属性。此案拥有台北市未来良好发展潜力地区特性、搭配高科技舒适的生活机能规划，以专业设计能力、良好建筑施工法打造私密的舒适宅第。

B 环境风格 Creativity & Aesthetics

因业主长年旅居纽约，设计师整间以都会时尚的藤色为基调，打造纽约上城感的居住氛围，并从海外运回的贯穿整体空间的艺术画作透露业主对Lifestye的向往。

C 空间布局 Space Planning

在实际坪数不大的空间格局，以国外开放式书房的概念，并在客厅、餐厅与书房间规划环绕动线，让主人在每个公共空间角落都可以照顾到客户与此互动，这是豪宅主人不可忽视的重要需求之一。

D 设计选材 Materials & Cost Effectiveness

建材选择，以线条简单但工法繁复的线板堆栈，时尚都会的色彩计划，混搭现代家具感的定制家具，再辅以良好的动线规划，从动线、色彩、材质细节与整合，营造舒适精致的私密豪宅住所。

E 使用效果 Fidelity to Client

深受曾经旅外的客户喜欢，希望自己未来的家就是这样的氛围感受。

项目名称_纽约上城
主案设计_江欣宜
参与设计师_吴信池
项目地点_台湾台北市
项目面积_211平方米
投资金额_120万元

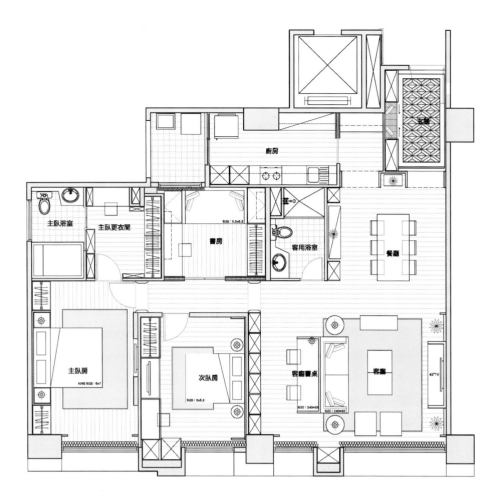

一层平面图

参评机构名/设计师名:
江欣宜 Idan Chiang

简介:
提倡发散式美学哲思,结合艺术与陈设于空间设计,创造典雅时尚的现代风格,并长期钻研于传播设计、文化、艺术等面向的延伸。

个人特长:样板房、展示空间、别野豪宅擅长风格:新古典、现代、精品旅馆设计。

2013 于上海与英国鬼才设计师AB Rogers探讨电影007创作理念,2013 采访日本知名摄影师蜷川实花"上海玫瑰"的设计概念,2013 于日本采访世纪级前卫艺术家草间弥生,2012 台湾首位专访英国皇家设计师 Kelly Hoppen 的设计人士,2012于台北 KaiKai KiKi 艺廊采访当代艺术鬼才村上隆,2012与音乐创作人方文山跨界交流对空间的想望,2012探索德国艺术家 Anselm Reyle的艺术时尚转换,2012承接元利建设建案实品屋水纪元建案,2011承接元利建设实品屋世纪灈建案,2010英国设计师Rogers于台湾的信义联勤建案公共围篱设计,2010承接元利建设实品屋和平世纪建案,2009成立FANTASIA缤纷室内设计公司承接公共设施设计、植生墙围篱设计、公共艺术品设计制作。设施设计、植生墙围篱设计、公共艺术品设计制作2008承接元利建设实品屋_水世纪建案。

摩登紫著:奢华空间
Purple Modern

A 项目定位 Design Proposition
设计师以"摩登奢华"为设计发想,利用色彩、家饰互相搭配,并重点式的点缀让都市人快速的步调在家中得到绝对的慰藉。

B 环境风格 Creativity & Aesthetics
黑与紫是绝对高贵的色调象征,但如果大量使用会造成太强烈的压迫,将黑的浓度降低,以灰色代替,保留都会时尚风格,却不失奢华品味。

C 空间布局 Space Planning
居住者回到家中,借由稳着的色系来沉淀今日在外的一切刺激;客厅中休憩的藤编吊椅,不仅成为空间中的焦点,也让人时时享受吉光片羽的宁静,而在紫色、金色两点之中,重新感受整体空间的奢华品味。

D 设计选材 Materials & Cost Effectiveness
整间房子以灰色为空间基底,客厅洒上些许紫色风华,让空间从完全的沉着中得到了亮点。客厅背墙妆点上金枝枯木呼应背墙艺术品,在一般室内空间是种强烈的视觉效果。

E 使用效果 Fidelity to Client
在一般意义上,家是一种生活,在深刻意义上,家是一种思念,在步调甚快的城市之中,经过一日的忙碌扰嚷,家对任何一位城市生活者,是绝对的庇护所。当家中的点滴,能够勾起思念,让你在外时,心之向往,这才真的拥有一个完全属于自己的舒适摩登空间。

项目名称_摩登紫著:奢华空间
主案设计_江欣宜
参与设计师_吴信池、卢佳琪、周甫政
项目地点_台湾台北市
项目面积_221平方米
投资金额_78万元

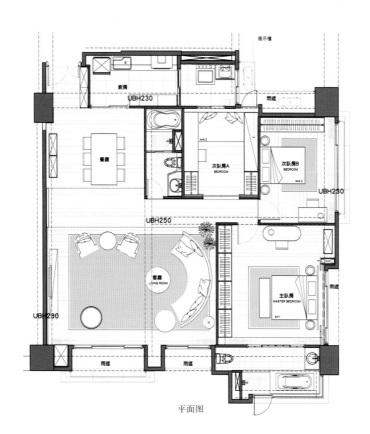

平面图

参评机构名/设计师名：
AIM恺慕建筑设计咨询（上海）有限公司/
AIM Architecture
简介：
恺慕建筑设计咨询（上海）有限公司是一家成立于2005年，专业从事建筑设计、城市规划及室内设计的荷兰设计公司。公司以北欧传统设计概念为基础，加之现代创新理念，专门从事建筑设计服务。恺慕致力于为客户提供一流品质、独具创新的设计、建筑和规划方案。从家具、室内装修、零售店铺和大楼到空间环境，在各种类型的设计领域都具有丰富的经验。

SOHO复兴路广场样板房
SOHO FU XING Plaza Show Room

A 项目定位 Design Proposition

相对于传统的办公室样板间，作品的设计突出了现代及未来的设计特点，体现了业主公司的文化精髓。表达了突破创新的精神。迎合了新一代具有国际视点，的国际化创新人士的品味。

B 环境风格 Creativity & Aesthetics

本设计基于三个设计要点：透明，反射，无界。 反射及透明为设计增添了未来的感觉，体现了SOHO的公司精神。

C 空间布局 Space Planning

整个样板间是由两个分开的独立的玻璃盒子组成，既形成了独立的环境，又可以让你对整个空间一目了然。 入口由两扇透明的镜面门组成，在进入空间的一刻知道了一种转换的感觉。 两扇门的设计反射了来访者身后的走廊，同时预览了为即将出现在眼前的空间。

D 设计选材 Materials & Cost Effectiveness

我们大量的使用了玻璃作为设计材料，创建空间的同时，又分割了空间。 部分的屋顶及地面也采用玻璃材料，充分体现了无界的延展性，让人觉得自己是整个空间的一部分。

E 使用效果 Fidelity to Client

满意度高。

项目名称_SOHO复兴路广场样板房
主案设计_文森特
参与设计师_Wendy Saunders、German Roig
项目地点_上海
项目面积_250平方米
投资金额_250万元

参评机构名/设计师名:
毕路德国际/BLVD international inc

简介:
创立于加拿大的毕路德(BLVD),专注中国市场十二年,已于北京、深圳两座"设计之都"设立办公机构,实现无局界、跨行业、跨领域的规划、建筑、景观、室内一体化合作。毕路德(BLVD)的两位联合创始人刘红蕾、杜昀均

于上个世纪八十年代毕业于清华大学建筑学院,并于上个世纪九十年代行业于加拿大安大略省,他们曾供职于世界著名设计公司Yabu Pushelberg,成为安省注册建筑师、室内设计师后创立了BLVD International Inc。2001年两位创始人在北京注册了BLVD International Inc 在中国的企业北京毕路德建筑顾问有限公司,并于2003年在深圳注册。由此开始了毕

路德(BLVD)的品牌道路……毕路德(BLVD)目前拥有近200名中外设计师,有建筑设计、室内设计和景观设计三个团队。是一个完全国际化的创意工作环境,吸引了大量中外优秀设计人才加入团队。各团队的总监均有国外大型优秀设计企业工作的经验。各团队的技术带头人均为在团队中锻炼成长起来的有自身特殊技术长项的设计师,这种团队构成在吸取大型国际企业的先进管理经验同时,培养团队自身的核心技术竞争优势。

北京天洋北花园销售中心
TianYangbei Garden Sales Pavilion and Gallery

A 项目定位 Design Proposition
与外部建筑形成良好贴合的内部空间,选择以棱镜状的几何形状为主,通过这些极具视觉冲击力的几何图形传达着空间喷薄的动感与不竭的能量转换,也强烈释放着与项目如一的奔放、自信和明朗的性格特质。

B 环境风格 Creativity & Aesthetics
"裸钻"原始、纯粹的张力开启了灵感泉源,对"菱形格"的演绎——碳原子排列在一个以面为中心的晶体结构中营造出戏剧化和雕塑化的空间,操纵着光与影、虚与实,使其与建筑外形实现了绝妙无缝融合。

C 空间布局 Space Planning
空间架构以笔、墨、纸、砚文房四宝,空间布局简洁而清晰,多数公共空间位于首层,办公区域位于二楼。只有两间贵宾厅和样板间会议室独具匠心地设置在空间高处。入口处的模型展示、悬挂的三角顶棚与倾斜的墙为迎宾区。倾斜的墙体同时还有地图展示的功能。左侧,单片木板贴面棱镜一样的接待台从地板表面"长"出来并引导来访者抵达主体休闲空间,即销售中心的核心区。接待台又摇身一变成休闲区的水吧。休闲区展厅的三维体量演变成一个戏剧化的双层高空间,被裸钻的各个透明和不透明的切面所包裹。

D 设计选材 Materials & Cost Effectiveness
抛光镀铬和白色皮革的休闲区座椅和咖啡桌,散发着现代主义气息,也定义了其他更传统的、毗邻景观庭院的休闲空间。VIP室则被细心地包裹在雕塑般的木板外壳内。天花板上的深色条纹内设置了照明,定义了雕琢面,呼应了地毯上充满活力的蓝色三角格子图案地毯,为这个原本纯白色的空间带来了生动色彩。在入口的右侧,是通往二楼的旅程开端,人们需通过一个雕塑的通道。而楼梯,仿佛从一整块实木雕刻而来。天花边缘的暗灯和扶手,从视觉和功能上引领客户通往楼上VIP室和主要的会议室。

E 使用效果 Fidelity to Client
该项目塑造了动态和富有想象力的线条、形状,创建了一个可以居住的雕塑。它显示出诞生于地球本身的这件珍品所具有的动力、活力和永恒的美,开启了未来乐观的生活想象。

项目名称_北京天洋北花园销售中心
主案设计_刘红蕾
项目地点_北京
项目面积_1300平方米
投资金额_325万元

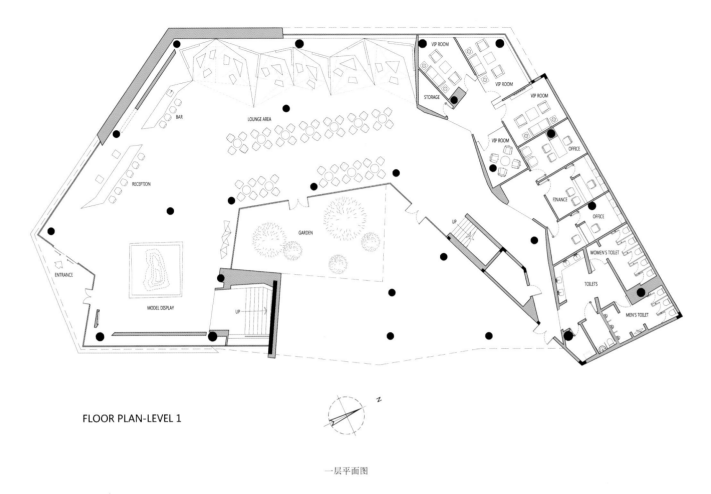

FLOOR PLAN-LEVEL 1

一层平面图

参评机构名/设计师名:
殷艳明 Yin Yanming

简介:
从业二十几年来一直从事国内大型项目的设计负责工作,先后访学于美国、日本、德国、意大利、法国、摩洛哥、新加坡、马来西亚、迪拜等国家和地区,所获奖项和荣誉达百余项。作品风格稳健而富于变化,擅长处理复杂而多

功能的大型空间,尤其在星级酒店、会所、样板房、办公楼、大型公共建筑及室内空间装饰设计上颇有心得,出版了《设计的日与夜》个人专辑与《城市商业街灯光环境设计》。所设计的项目多次在国内一级刊物发表,多篇学术文章及设计文稿发表于《南方都市报》、《深圳特区报》、《晶报》、《商报》。

成都万科钻石广场loft A4办公样板房
The Model Office Loft A4, Chengdu Vanke Diamond Plaza

A 项目定位 Design Proposition

LOFT办公空间位于成都首个专业综合体项目,且为周围商圈的地标性建筑——钻石广场。因而,体现科技、创新、时尚的办公空间也日益成为这座城市所追求的重要风格之一。

B 环境风格 Creativity & Aesthetics

这是一个预设为IT行业的办公空间,设计师使用简洁流畅的线条,提供了高效便捷的空间感受;以黑、白、灰为主的色调,营造了现代、时尚的氛围;局部家私选择绿、红、橙色,开放式办公区高低错落的灯具悬挂,凸显了生活的温暖和生命的跃动。在空间中分布的办公设备和物品,以及局部装饰图案的处理上,采用了大量从自然环境中提炼出来的形态和元素符号,使整个空间环境含蓄的透露出人文自然的气息,强调了工作与生活之间的健康平衡理念。

C 空间布局 Space Planning

原有的室内空间相对方正,设计师以建筑空间手法入手,通过曲折、斜向及切割体现空间关系的变化,使空间产生韵律的节奏:从入口到前厅,一个斜向的切割打破了原有空间的沉闷,更具活力与动感;前厅与办公区采用大切割手法突破整齐划一的空间感受,形成新的结构体块的视觉冲击;中空的调高加强了室内垂直空间的移动动线,也形成了视觉空间的过渡整合。

D 设计选材 Materials & Cost Effectiveness

本案中并没有选用高成本材料,反而是以涂料、胶地板、马赛克、不锈钢等常见材料来演绎一种大胆、时尚的高调空间。最后的视觉效果超过了大家的预期,让小空间有了大空间的精彩。

E 使用效果 Fidelity to Client

以城市文脉和需求为基础,从形态各异的自然万物中获得灵感,采用抽象、切割等设计手法,打造出新颖独特、时尚前卫的几何空间。简约、便捷的同时,也享受舒适、自然、生机勃勃的人文关怀。

项目名称_成都万科钻石广场loft A4办公样板房
主案设计_殷艳明
项目地点_四川成都市
项目面积_120平方米
投资金额_40万元

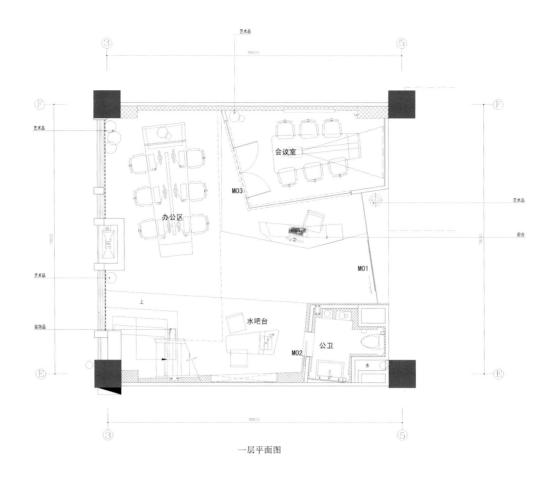

一层平面图

参评机构名/设计师名：
李坚明 Jimmy Li

简介：
2012年金堂奖·中国室内设计年度评选年度优秀餐饮空间设计。2012年第九届中国国际室内设计双年展银奖。2011-2012年度十大最具影响力设计师（商业空间类）。2012年第七届中国国际建筑装饰及设计艺术博览会大奖之一。

2010年金堂奖·中国室内设计年度评选年度优秀样板间/售楼处设计。2008年金羊奖·中国十大室内设计师。2008年岭南杯·广东装饰行业设计作品展评大赛银奖。2006-2007年广州国际设计周精英人物。

公司始创于2000年10月，设有商业地产、房地产、酒店餐饮业、企业总部办公空间、品牌设计等部门；是一个拥有百名设计师团体并做

各专业分工、合作，提供有创意的、有商业价值的空间规划和效果设计。尺度空间秉承"丈量现实，勇于突破"的设计理念，为国内外诸多知名企业进行了房地产项目及其配套设计、商业地产、办公空间设计和酒店餐饮设计。犀利的设计眼光，准确的项目定位，务实的跟踪服务，得到绝大多数客户以及行业人士的好评和认可。

金地荔湖城—公园上城21户型别墅样板房

Gemdale GZ Lakes-Park Uptown Villa 21 Example Room

A 项目定位 Design Proposition

本案为迎合广州的高端新贵阶层购房者的喜好，设计风格定位为新古典风格。吸取欧洲文化丰富的艺术底蕴，在家具、软装中透露出开放、创新的设计思想及其尊贵的姿容，对现代新贵族的审美和文化心理需求恰到好处，温馨中体现了现代人对享受生活的新主张。

B 环境风格 Creativity & Aesthetics

整个空间设计大气奢华，无处不给人一种华丽之感。本设计散发的是具有厚度的形式美，摒弃繁复的装饰艳媚，以最经典的古典元素，最简约的表现手法，展现历史感和文化纵深感。

C 空间布局 Space Planning

拆除采光井隔墙，设立水景，增加空间多功能用处。 设立艺术展示厅，打造典雅艺术之家，提升业主的品位。 移动卫生间的位置，有效的利用空间，满足生活需求。 调整客房位置，靠近采光井满足采光需求，提升户型房间卖点。 拆除采光井扩大厨房面积，利用原厨房设立早餐厅，增加居家实用功能。 打通隔墙，增设阳光餐厅，丰富居家的悠闲氛围。 拆除楼梯采光井隔墙，使空间更加贯通宽敞，有利于楼梯采光及展示。 利用采光井，增设楼板，扩大卧房卫生间面积，使空间实用性增大，并同时扩大卧室使用面积。 利用一层门厅楼板增设过厅，使空间更加宽敞。 拆除衣帽间隔墙，加大卧房展示面积，将原卫生间分隔为衣帽间与卫生间，使用功能更连贯。

D 设计选材 Materials & Cost Effectiveness

虽用了很多材质如壁纸银箔、石材、木材、瓷砖等但是在整体把控上很严谨统一，色调统一。

E 使用效果 Fidelity to Client

作为公园上城此类户型，在开盘不久后此户型已大量售出，受到大多数客户的青睐。

项目名称_金地荔湖城-公园上城21户型别墅样板房
主案设计_李坚明
参与设计师_唐伟君
项目地点_广东广州市
项目面积_450平方米
投资金额_205万元

参评机构名/设计师名：
贺钱威 Mike Hou
简介：
资深室内建筑师，毕业于中国美院艺术设计学院室内设计专业，清华大学酒店设计高级研修班。
中国杰出的中青年室内建筑师、中国百名优秀室内建筑师、中国建筑装饰协会设计委员会委员、ICIAD国际室内建筑师与设计师理事会宁波区理事长、IFI国际室内建筑师/设计师联盟专业会员、CIID中国建筑学会室内设计专业会员、SZAID深圳市设计师协会专业会员。LA.H贺钱威设计师事务所/总设计师，新加坡著名的NOTA国际设计机构在中方的核心合伙人之一。
2007中国样板房设计流行趋势发展论坛主讲嘉宾，2007广州国际设计周室内设计论坛"人居空间"主讲嘉宾，应邀赴香港参加2003年度亚太区室内设计大奖赛颁奖典礼暨赴港学术交流。

黉河街27院里：总裁官邸会所
Hong River Street 27-The President's Residence

A 项目定位 Design Proposition
用一派清简，成为一个立于繁华市区之中的豪华招待型宅邸的第一影响，反倒是一种朴中见贵，大巧若拙的大气。

B 环境风格 Creativity & Aesthetics
用一种属于东方文学的创作内涵去设计本案，那是设计者一种对人、对空间、对土地、对文化、对这闹市中能拥有这幽幽谦静之意，只能这样设计，谦卑地回敬美学贵性。

C 空间布局 Space Planning
用一种属于东方文学的创作内涵去设计本案，布局意趣，求取建筑室内外一种融化朴质精神、视觉品质与生活创意的贵气奢华。

D 设计选材 Materials & Cost Effectiveness
简洁自然，色彩和谐，以独特的简约风格，延续建筑主调；低调奢华的赋予空间全新的感觉。

E 使用效果 Fidelity to Client
完全抛弃当下时尚流行的奢华风格，而是在空间和材料的工法使用上完全向内雕琢、向深处发展，从工艺与美术更深的本质性去探索，高品质建筑当有内在气韵。

项目名称_黉河街27院里：总裁官邸会所
主案设计_贺钱威
项目地点_浙江宁波市
项目面积_400平方米
投资金额_120万元

参评机构名/设计师名:
赵文彬 Zhao Wen Bin
简介:
代表作品: 龙湖弗莱明戈、长桥郡样板间整体设计, 中铁金马湖月映长滩项目示范区整体设计, 中铁奥维尔样板间整体设计, 中粮御领湾企业会所整体设计, 九洲跃进路1958项目示范区整体设计, 百大野鸭湖别墅项目示范区整体设计, 天之府城市综合体项目示范区整体设计, 成都麓山国际、蔚蓝卡地亚、长桥郡、华侨城东岸等多家私人顶级豪宅整体设计打造。

时代豪庭样板间B3户型
TIMES GREAT PLAZA B3 Prototype Room

A 项目定位 Design Proposition

本案目标客群定位在25岁左右的单身贵族, 家是他们的私人会所, 也是他们的战场, 喜欢一切新潮的物品, 追赶潮流。

B 环境风格 Creativity & Aesthetics

本案为一现代简约风格的样板间, 将时尚内涵赋予个性风格, 是当代年轻人的生活态度, 户型面积为45平方米, 在设计上主要采用面的变化, 呈现一个几何感十足的立体空间。

C 空间布局 Space Planning

原始户型很特别, 初设概念以"钻石"的切割面去表现室内空间, 要呈现一种转折流动的感觉, 它会将地面、墙面、甚至在天花连成一片, 形成看似延伸可变的矛盾空间, 象是钻石包覆了整体空间。

D 设计选材 Materials & Cost Effectiveness

我们选择了环氧树脂漆来表现这种转折的造型, 并使这种形态从地面延伸到了墙面、再到天花, 最终凝聚于吧台之上幻化为独特的吊灯。恰当的陈设艺术, 更好的融合设计的主题。

E 使用效果 Fidelity to Client

样板间开放后销售量节节攀升, 业主正在考虑是否按此标准打造精装房销售。

项目名称_时代豪庭样板间B3户型
主案设计_赵文彬
项目地点_四川成都市
项目面积_45平方米
投资金额_13万元

参评机构名/设计师名：
穆哈地设计咨询（上海）有限公司/
MRT DESIGN

简介：
穆哈地设计是一个建筑和室内设计工作室，在商业，零售和公共工程项目拥有丰富的经验。我们的优势在于能够合并创新设计，项目管理和施工监督在一起，为我们的客户提供全面

解决的方案。成立于1995年，穆哈地设计咨询（上海）有限公司的设计是被业主，用户和媒体认可的。

绿地M中心售楼处
Greenl Group M Sales Center

A 项目定位 Design Proposition

在色调方面简洁鲜艳明快。购房客大部分都是年轻人，追求活力是其本能，在装修设计色调时做到简洁明快才能给他们留下朝气蓬勃的好印象。

B 环境风格 Creativity & Aesthetics

本案的特点是将贵阳的自然景观运用到空间的塑造上，并结合现代灯光技术的运用，带给参观者特别的感官体验。

C 空间布局 Space Planning

售楼处的内部我们采用阶梯状的逐渐抬高，在特别的高度采用回廊连接，整个空间貌似一个大的溶洞，在不同的高度感受钟乳石的闪闪发光，再通过不同位置的开洞进入内部，戏剧性地带给参观者特别的感受。不同大小和高度的楼梯相互连接，空间自然流畅的被连接在一起，参观者站在不同的高度用不同的视角体验空间的交错。我们首次尝试将模型区、洽谈区、水吧区逐层分离又相互影响， LED发光墙是这次空间塑造的亮点，大面积的墙面闪闪发光，细腻自然，整个空间好像通过某种魔力自然生成。

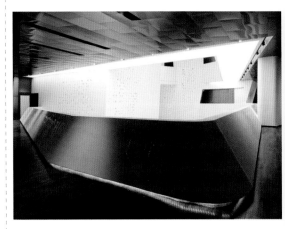

项目名称_绿地M中心售楼处
主案设计_颜呈勋
项目地点_贵州贵阳市
项目面积_3300平方米
投资金额_1320万元

D 设计选材 Materials & Cost Effectiveness

空间材料上白色几乎占据了大部分的色调，金属和木头以建筑的手法出现在特别的体量上。两条发光灯带像悬浮在空中的天梯一样让整个溶洞上空不再寂寞。

E 使用效果 Fidelity to Client

符号性建筑，引起视觉冲击：因而建筑形式与包装尤为重要，是能给客户留下深刻印象的记忆点，符合个性年轻购房者，以年轻购房者成交居多。

参评机构名/设计师名:
赵虹 Zhao Hong

简介:
主持设计多项部委级工程，作品在国内外多次
获奖，与欧美及港台多个设计事务所有合作经
历。曾赴美国SOM、HBA设计事务所工作交
流。应英国皇家建筑师协会主席邀请访问伦敦
RIBA总部发表演讲，作品参加美国芝加哥AIA
展览，法国中国青年建筑师展等国际巡回展。

怀来万悦广场售楼处

Joy Paradise, Huai Lai Shopping Center Sales offices

A 项目定位 Design Proposition

本设计团队由建筑方案至室内设计的全案统领设计作品。"钻石"概念为整体设计理念。寓意本案巨大的商业价值。

B 环境风格 Creativity & Aesthetics

设计在环境上引用了怀来地处燕山山脉之特点，将山形引入，并在中央设水景，山形水色，衬托其独特的环境。

C 空间布局 Space Planning

由于是建筑与室内整体设计，本案在中央屋顶开设天窗，大胆引入天光，形成非常独特的室内光环境。一切围绕天窗及中庭展开，在中央设置沙盘及地图背景墙、水景。四周设置接待，休息洽谈。沿山形楼梯拾级而上，是二楼观景平台及签约等空间。

D 设计选材 Materials & Cost Effectiveness

设计采用了易得、经济的材料，但控制造价并不意味着降低品质。白色的涂料让室内具有统一纯净的未来感。同为白色系的地砖设计为钻石型，与建筑形体相呼应。而红色吧台及葡萄酒架的引入，配合经典的家具，提示当地悠久的葡萄酒文化，将商业的氛围突出显现。

E 使用效果 Fidelity to Client

本案建成之时即是项目时尚生活MALL开放发售之日。吸引了大批国内外的投资者，现场持续处于热销之中。OUTLETS及影院、商业连锁等一些列名店签约加入。商业价值体现卓著。万众瞩目与火爆的销售时尚生活MALL率先正式开盘销售，仅活动当日即迅销500席旺铺，目前还在持续热销中。销售现场参加选购的客户不仅有怀来本地及周边的投资人群，更多的是来自北京、浙江、内蒙古、张家口等外地的投资者。时尚生活MALL未来的统一运营管理、和独特的工厂直营中心的定位规划，成为吸引投资者的重要因素。

项目名称_怀来万悦广场售楼处
主案设计_赵虹
项目地点_河北张家口市
项目面积_1800平方米
投资金额_1200万元

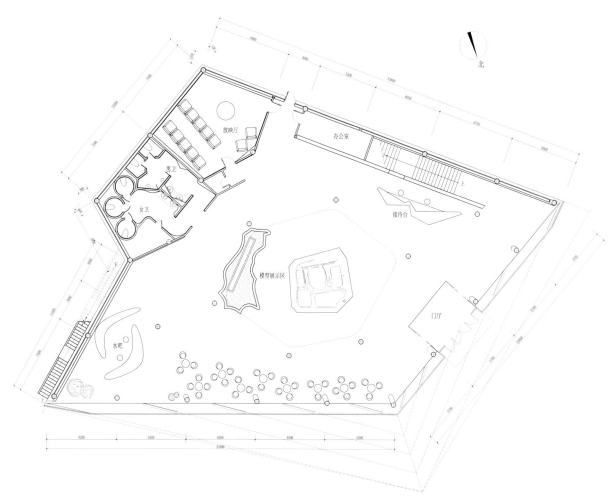

一层平面图

参评机构名/设计师名：
郑陈顺 KING

简介：
第二届海峡两岸四地室内设计大赛（优秀奖），2006亚太室内设计双年大奖赛作品入选《2007年全国室内设计获奖作品集》，作品刊登在《华人室内设计经典》《现代装饰》《2009中国顶级SPA》《2010中国顶尖样板房》《2010中国新中式样板房》《全球最新样板房设计大赏》。

福清裕荣汇销售中心
Fuqing Yuronghui Sales Center

A 项目定位 Design Proposition
带给城市新的审美，新的思维模式。

B 环境风格 Creativity & Aesthetics
以更加现代感的设计模式突出创新。

C 空间布局 Space Planning
布局上挑战了销售中心功能上的突破。

D 设计选材 Materials & Cost Effectiveness
选材上突出了新型材料的运用。

E 使用效果 Fidelity to Client
得到业主和广大客户的好评。

项目名称_福清裕荣汇销售中心
主案设计_郑陈顺
项目地点_福建福州市
项目面积_1400平方米
投资金额_360万元

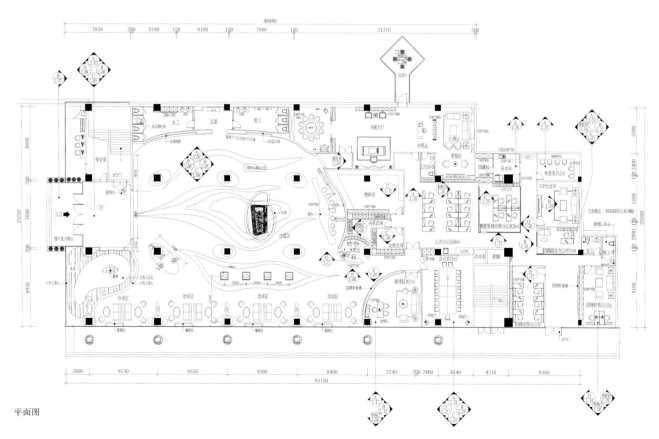

平面图